풀꽃
이야기
도감

일러두기

1. 식물 이름은 '국가표준식물목록'을 기준으로 했습니다.

2. 식물 과명은 국가표준식물목록을 기준으로 하되, 《한국식물도감》(2006)과 《대한식물도감》(2014)을 참고했습니다. 서로 맞지 않는 것은 일반적으로 쓰는 것을 택했습니다.

3. 차례는 식물 분류 기준에 따르되, 견주기 쉽게 기준을 따르지 않은 것도 있습니다.

4. 식물 전문 용어는 쉽게 풀어 쓰려고 노력했고, 깨끗한 우리말로 바꿔 쓸 때 많이 길어지거나 복잡해지는 것은 그대로 쓴 것도 있습니다.

5. 풀꽃 사랑을 시작한 사람들을 위한 책이므로 학명은 생략했고, 사진과 설명은 알아보기 쉽게 실으려고 노력했습니다.

풀꽃 이야기 도감

글·사진  풀꽃지기 이영득

황소걸음
Slow & Steady

머 리 말

들로, 숲으로 불러내는 목소리가 되기를

아주 어릴 때 이름이 무척 궁금한 풀이 있었어요. 꽃이 피어도 별로 꽃 같지 않은 풀, 짧은 바지를 입고 스쳐도 부드럽기만 한 풀, 못 둑이나 들길 가에 흔히 자라는데 이름을 모르는 풀, 손으로 뜯어보면 엄청 질긴데 소가 잘 먹는 풀, 마을 언니나 어른들한테 물어봐도 이름을 알 수 없는 풀, 학교 에 입학하고 나서 선생님께 여쭤도 끝내 이름을 알 수 없는 풀. 어렴풋이 '특별한 쓰임이 없거나, 예쁜 꽃이 피지 않으면 이름조차 없구나!' 여겼죠.

그러다 어른이 되고 나서 이름 없는 풀이 없다는 걸 알고 어찌나 반가웠 는지요. 그렇게 궁금하던 풀이 '그령'이라는 예쁜 이름이 있다는 걸 알았을 때, 정말 벅찼어요. "그령, 너도 이름이 있었구나!" 이름을 알고 나니, 모를 때 느낌하고 사뭇 달랐어요. '이제야 너랑 진짜 동무가 됐구나!' 하는 맘이 들었으니까요.

이 책에 실은 꽃은 그령처럼 우리 둘레에서 흔히 볼 수 있는 풀꽃이에요. 어찌 보면 너무나 작고, 너무나 하찮을 것 같은 풀. 그러면서도 누구나 한 번쯤 '이 풀도 이름이 있을까?' '이 풀 이름이 뭘까?' 생각했을 것 같은 풀.

그래서 어느 때 누가 봐도 알아보기 쉽게 꽃이 피지 않은 모습도 담으려고 애썼어요. 비슷해서 헷갈리는 꽃은 견주기 쉽게 나란히 실었고요. 여러 가지로 부족한 점이 많을 거예요. 모자란 부분은 꽃향기로 채울게요.

　　이 책은 이름 모르는 풀꽃이 보이면 풀꽃지기가 생각난다는 많은 사람을 위해 《풀꽃 친구야 안녕?》을 수정·보완하고, 바뀐 내용을 바로잡아 새롭게 구성했어요. 《풀꽃 이야기 도감》이 사람들을 들로, 숲으로 불러내는 목소리가 되면 좋겠어요.

2021년 초여름
풀꽃지기 이영득

차 례

머리말 _들로, 숲으로 불러내는 목소리가 되기를　　4

쇠뜨기 _소가 정말 잘 뜯어 먹을까?　　12

환삼덩굴 _어라, 요것이 뭘 닮았지?　　16

수영 _아이 새콤해!　　20

소리쟁이 _소리쟁이는 미끈둥쟁이　　24

마디풀 _신석기시대에도 살았대요　　26

며느리밑씻개 · 며느리배꼽 _쌍둥이 같다고요?　　30

고마리 _고마운 풀　　34

쇠비름 _다섯 빛깔 풀　　38

개미자리 _잠자는 별　　40

개별꽃 _숲속 별 밭　　44

별꽃 · 쇠별꽃 _땅에서 피어난 별　　48

동자꽃 _동자의 넋이 피어난 꽃　　56

명아주 _지팡이 만드는 풀　　60

쇠무릎 _숨은 별 찾기　　64

노루귀 _노루가 어니 있어?　　68

꿩의바람꽃 _꿩이 뭐시라고?　　　　　　　72

고추나물 _고추가 웃을 일이야　　　　　　78

애기똥풀 _아기 똥이 뭐가 노래요?　　　　82

현호색 _하늘빛 꽃　　　　　　　　　　86

냉이 _풀꽃 악기　　　　　　　　　　　90

꽃다지 _나는 구둣주걱 모양　　　　　　96

장대나물 _장대나물을 보고 세 번 놀랐어요　100

뱀딸기 _뱀이 먹는 딸기라고요?　　　　　104

오이풀 _웬 오이 냄새야　　　　　　　　110

짚신나물 _두루미가 준 선물　　　　　　114

차풀 _이름값 톡톡히 하는 풀　　　　　　118

매듭풀 _계급장 놀이　　　　　　　　　122

갈퀴나물 _갈퀴가 있는 덩굴　　　　　　126

얼치기완두 _나는 정말 얼치기일까?　　　130

벌노랑이 _엉덩이 치켜든 벌　　　　　　136

자운영 _자줏빛 꽃구름　　　　　　　　140

토끼풀 _잔디보다 열 배는 예쁜데　　　　144

괭이밥 _고양이 밥이라고요?　　　　　　150

이질풀 _쥐 앞발은 어떻게 생겼을까?　　　154

여우구슬·여우주머니 _여우가 숨긴 구슬　158

애기땅빈대 _빈대 찾아온 개미   162

물봉선 _물봉선도 꽃물이 들까?   166

제비꽃 _팬지도 제비꽃   170

달맞이꽃 _밤에 피는 꽃   178

노루발 _노루 발이 뭐 이래?   184

앵초 _일찍 피는 꽃   188

박주가리 _박 바가지 닮았어요   192

갈퀴덩굴 _갈퀴가 있는 덩굴   196

솔나물 _그거 솔나물 아니에요   200

새삼 _뿌리 없는 식물   202

꽃마리 _세상에서 가장 예쁜 꽃 바지   206

골무꽃 _내가 골무   210

꿀풀 _꿀 방망이   214

광대나물 _춤추는 광대   218

배암차즈기 _너, 두고 보자!   222

들깨풀 · 쥐깨풀 _들깨 닮은 풀   226

꽃향유 _향기 나는 기름   230

까마중 _화장실 옆에서 딴 까마중   234

배풍등 _세상에서 가장 작은 배드민턴공   240

주름잎 _주름 뭐시라, 이름도 벨시럽네   244

큰개불알풀 _개 불알 닮은 풀　　　　　　　　　248

쥐꼬리망초 _쥐 꼬리 닮은 풀　　　　　　　　254

파리풀 _파리 잡는 풀　　　　　　　　　　　258

질경이 _풀 내 나는 제기　　　　　　　　　　262

쥐오줌풀 _쥐 오줌 냄새가 난대요　　　　　　266

잔대 _잠만 잔대요　　　　　　　　　　　　270

초롱꽃 _초롱 닮은 꽃　　　　　　　　　　　274

떡쑥 _내가 정말 떡 해 먹는 풀　　　　　　　278

담배풀 _담배 피우는 아이　　　　　　　　　282

솜나물 _솜나물, 너였어?　　　　　　　　　　286

도꼬마리 _가시 달린 럭비공　　　　　　　　290

미역취 _미역 맛 나는 산나물　　　　　　　　294

쑥부쟁이 · 구절초 _쑥을 뜯는 불쟁이네 딸　　298

참취 _산나물의 왕　　　　　　　　　　　　302

개망초 _달걀 꽃　　　　　　　　　　　　　308

머위 _능청스러운 꽃　　　　　　　　　　　312

주홍서나물 · 붉은서나물 _얼마나 많이 번질까?　316

개쑥갓 _먹지 않는 쑥갓　　　　　　　　　　320

중대가리풀 _절 마당에서 봤어요　　　　　　324

산국 _쓴맛, 단맛　　　　　　　　　　　　　328

쑥 _쑥쑥 잘 자라서 쑥   332

털진득찰 _재미난 이름   336

한련초 _줄기를 뜯으면 까맣게 변하는 풀   340

털별꽃아재비 _나도 별   344

도깨비바늘 _도깨비야, 찌르지 마   348

미국가막사리 _풀꽃 화살   352

엉겅퀴 _앗, 따가워!   356

민들레 _민들레 씨는 홀씨가 아니에요   360

씀바귀 _이다음에 뭐가 될까?   364

방가지똥 _강아지 똥도 아니고   370

뽀리뱅이 _궁금해, 뽀리뱅이야   374

고들빼기 _토끼 쌀밥   376

참나리 _나리 뿌리는 백합   382

무릇 _무릇 사람은   388

둥굴레 _저 깔끔한 풀 이름이 뭘까?   392

상사화 · 석산 · 백양꽃 _정말 한 번도 못 만나요?   396

마 _이사하는 덩굴   400

각시붓꽃 _각시 닮은 꽃   406

꿩의밥 _꿩의밥 먹으면 꿩이 되나요?   410

닭의장풀 _녹아내리는 꽃잎   414

뚝새풀 _물구나무서기하고 싶은 풀 420

그령 · 수크령 _너도 이름이 있었구나 424

강아지풀 _풀로 만든 강아지 428

띠 _단청 아래 또 단청 434

억새 · 갈대 · 달뿌리풀 _우리가 닮았나요? 438

솔새 · 개솔새 _어, 많이 보던 풀이네! 444

찾아보기 448

쇠뜨기 _소가 정말 잘 뜯어 먹을까?

속새과 | 여러해살이풀
꽃 빛깔 : 누런빛(생식줄기)
꽃 피는 때 : 3~5월
크기 : 20~40cm

소가 잘 뜯어 먹어서 쇠뜨기라 해요. 그런데 어릴 때 우리 소는 쇠뜨기를 잘 먹지 않은 기억이 나요. 쇠꼴을 벨 때도 쇠뜨기는 베지 않았지요. 소가 쇠뜨기를 잘 먹는다는 자료를 볼 때마다 '정말 잘 먹을까?' 궁금했어요.

오래전에 소한테 쇠뜨기를 먹여보기로 맘먹고 가까운 농장에 갔어요. 소 여러 마리가 귀에 노란 번호표를 달고 울안에 있었죠. '저 소는 사료를 먹을 텐데, 풀을 주면 먹을까?' 생각하며 쇠뜨기를 뜯었어요.

조금 뒤 한 팔에는 쇠뜨기를, 다른 팔에는 소가 잘 먹는 바랭이와 왕고들빼기를 안고 소한테 갔죠. 멀뚱멀뚱 보는 소한테 먼저 쇠뜨기를 줬어요. 녀석이 혀로 휘익 감아 두세 번 씹더니, 퍽 맛나게 먹더라고요. 뒤에 있던 소도 슬슬 다가왔어요. 쇠뜨기를 소한테 고루 나눠주니, 모두 아주 맛있게 먹었어요.

"이상하다! 이렇게 잘 먹는데, 우리 소는 쇠뜨기를 잘 먹지 않은 기억이 나지?" 중얼거리며 소한테 바랭이와 왕고들빼기도 고루 나눠줬어요. 이번에도 맛있게 먹더군요. 그 모습을 보니 우리에 갇혀 사료만 먹고 자라는 소가 안쓰러워 풀을 더 뜯어줬어요.

그때 농장 주인이 다가와서 제 손에 든 풀을 보고 소가 풀 맛을 알면 사료를 먹지 않으려고 하니, 주지 말라고 했어요. 더구나 쇠뜨기를 많이 먹으면 설사해서 안 주는 것만 못하다고요. 그제야 어른들이 하던 말이 어렴

쇠뜨기 생식줄기_ 3월 26일

쇠뜨기 영양줄기_ 4월 21일   쇠뜨기를 먹는 소_ 10월 7일

풋이 생각났어요.

"야야! 소한테 쇠뜨기 먹이면 안 된데이. 쇠뜨기 많이 먹이면 소가 좍좍 설사하니, 절대 먹이지 마라."

쇠뜨기는 양치식물이에요. 솔잎처럼 생긴 영양줄기(영양경)와 뱀 대가리 모양 생식줄기(생식경, 뱀밥)가 한 뿌리에서 올라와요. 생식줄기는 방울뱀 꼬리 같기도, 붓 끝 같기도 해요. 그 부분을 건드리면 먼지 같은 게 날리는데, 홀씨주머니에서 터져 나온 홀씨죠.

어릴 때 생식줄기를 보고 도망치기도 했어요. 금방이라도 뱀이 나올 것 같았거든요. 영양줄기는 재미난 놀잇감이었죠. 마디마디 똑똑 뽑히는 게 여간 신기하지 않았어요. 마디마디 뽑아서 모양을 만들고, 뽑은 마디를 다시 끼워 감쪽같이 꽂아두기도 했어요.

쇠뜨기는 땅속줄기를 뻗으며 자라는데, 뿌리가 깊어요. 쇠뜨기 뿌리를 따라가면 지구 반대편이 나온다는 우스갯소리도 있죠. 뿌리는 식물에 필요한 물을 빨아들여요. 잎은 해가 뜨는 낮에 양분을 만들고 남는 물을 수증기 상태로 내보내요. 해가 없는 밤에 남은 물이 넘치면 액체 상태로 내

쇠뜨기가 내놓은 물방울_ 5월 1일

보내고요. 이를 일액현상이라고 해요. 사진에 보이는 물방울이 그렇게 생긴 거예요. 이슬하고는 다르죠. 이슬은 공기 가운데 있는 수분이 온도 차이로 풀잎이나 나뭇잎 등에 맺히는 거니까요. 넘치는 걸 내보내는 식물의 지혜, 배우고 싶어요.

환삼덩굴 _어라, 요것이 뭘 닮았지?

삼과 | 한해살이풀

꽃 빛깔 : 노란빛 띤 풀빛
꽃 피는 때 : 7~10월
크기 : 500cm 정도 뻗는다.

잎이 삼 잎을, 줄기가 '환'을 닮은 덩굴이라서 환삼덩굴이에요. 삼을 아나요? 대마라고도 하는 삼은 줄기 껍질로 삼베를 만드는 풀이에요. 환은 쇠붙이가 아닌 물건을 쓸어서 깎는 데 쓰는 연장이고요. 환삼덩굴 줄기는 갈고리 모양 가시가 있어서 가까이 가면 긁히기 쉬워요. 언젠가 환삼덩굴 꽃을 보다가 팔이 긁혔어요. 처음에는 따갑더니, 나중에는 몹시 가렵고 벌겋게 줄이 났어요.

오래전 어느 날, 들길에서 마른 환삼덩굴 암꽃을 봤어요. 환삼덩굴은 암수딴그루예요. '환삼덩굴 씨는 도대체 어떻게 생겼기에 이른 봄에 남보다 먼저 싹을 틔우나?' 궁금했어요. 열매를 헤집어보니 속에 씨가 있더라고요. '어라, 요것이 뭘 닮았지?' 요리조리 뜯어보는데, 위에 구멍이 볼록 튀어나왔지 뭐예요. '고놈 참 귀엽게 생겼네! 요 구멍으로 싹이 나온단 말이지?' 씨에 구멍이 있으니 쏙 빠져나오면 싹이 트기 쉽겠죠.

더 궁금해서 작고 동그란 씨를 손톱으로 벗겨봤어요. 그런데 껍질 속에 떡잎이 될 부분이 말려 있고, 펼쳐보니 기다란 떡잎이 될 싹 두 장이었어요. 환삼덩굴 기다란 떡잎하고 똑 닮았어요. 그 하얀 싹이 또르르 말려서 봄을 준비하고 있다니! 산이나 들에 나가면 자연에서 뭔가 배우지 않는 날이 없는데, 이날처럼 크게 감동받은 날도 드물죠. 그 뒤 환삼덩굴을 보면 씨 속에 웅크리고 있는 싹이 먼저 생각나요. 바람도, 볕도 낳지 않아 새하

환삼덩굴 수꽃_ 7월 3일

환삼덩굴 싹, 떡잎이 길다._ 3월 3일

환삼덩굴 암꽃_ 9월 9일

환삼덩굴 열매_ 9월 24일

환삼덩굴 씨_ 9월 17일

환삼덩굴 씨껍질을 깐 모습_ 9월 7일

네발나비 번데기_ 10월 6일

환삼덩굴 씨를 먹는 큰동글먼지벌레_ 10월 16일

환삼덩굴 무늬 꾸미기_ 8월 2일

얀 그 부분이 환삼덩굴이 남보다 먼저 싹이 나고, 금세 덩굴을 이루며 자라는 비밀이니까요.

환삼덩굴은 농부한테 미움 받는 풀이에요. 밭 가장자리에 싹이 났다 싶으면 어느새 밭으로 쑥쑥 뻗어 들어와, 여간 성가시지 않거든요. 아버지가 밭으로 뻗어 들어온 환삼덩굴을 베어 토끼한테 주는 것을 본 일이 있어요. 환삼덩굴 꽃가루는 알레르기를 일으키기도 해요.

하지만 환삼덩굴은 '율초'라 해서 위장을 튼튼하게 하고, 오줌이 잘 나오게 하고, 기침을 멎게 하고, 몸속에 있는 독을 풀어주는 약으로 써요. 네발나비 애벌레는 환삼덩굴 잎을 먹고 자라며, 턱이 큰 큰둥글먼지벌레는 환삼덩굴에 올라와 씨를 물고 가거나 떨어진 씨를 먹어요. 농부가 싫어해도 새나 곤충 친구한테는 먹이가 되고, 쉼터도 되죠. 자라기만 해도 흙이 쓸려 가는 것을 막고, 산소를 만들고요. 쓰임 없는 풀은 없어요.

수영 _아이 새콤해!

마디풀과 | 여러해살이풀
꽃 빛깔 : 풀빛, 붉은빛
꽃 피는 때 : 5~6월
크기 : 30~80cm

수영은 낮은 산 기름진 땅에서 흔히 봐요. 산에도 주로 골짜기와 가까운 비탈에서 잘 자라죠. 굵은 뿌리에서 나오는 긴 잎은 처음에 붉은빛이 돌아요. 그러다 광합성을 하면서 잎이 풀빛으로 바뀌는데, 테두리에 붉은빛이 남기도 해요. 이 점이 수영하고 비슷하게 생긴 소리쟁이랑 달라요.

수영은 잎이 시금치와 닮아서 '시금초' '산시금초' '신검초'라고도 해요. 줄기나 잎을 먹어보면 새콤한 맛이 나는데, 싱아랑 비슷하다고 '개싱아' '괴싱아'라고도 하죠.

어릴 때 소한테 풀을 먹이러 가다가 수영을 보면 줄기를 꺾어 먹었어요. 요즘도 수영을 보면 가끔 꺾어 먹는데, 어찌나 신지 눈이 절로 감겨요. 유럽에서는 신맛 나는 수영으로 샐러드를 만들어 먹어요. 수영을 먹기 좋게 개량해서 채소로 쓰는 거죠.

고대 그리스나 로마 시대에는 의사들이 수영 잎으로 오줌이 잘 나오게 하고, 몸속 장기에 생기는 결석을 없애는 약을 만들었대요. 피를 맑게 하고, 간장을 튼튼하게 하며, 소화가 잘되게 하고, 밥맛을 좋게 하는 약으로도 썼어요.

수영은 줄기가 억세지면 꽃이 피기 시작해요. 꽃은 암수딴그루죠. 민간에서는 위궤양이나 소화불량 등을 치료하고, 위장 기능을 좋게 하는 약으로 써요. 수영을 뿌리째 삶아 엿기름을 넣고 단술을 만들어 마시면 갖가지

수영, 꽃과 열매_ 5월 21일

수영 잎_ 4월 1일

수영 줄기_ 4월 14일

수영 잎, 신맛이 난다._ 4월 14일

애기수영, 전체가 수영보다 작다._ 5월 4일

애기수영 잎_ 5월 17일

위장병이 치료된다고 전해져요.

　샐러드 만들 때 수영 잎을 넣으니 다른 채소와 어우러져서 맛이 좋았어
요. 전체가 수영보다 작은 애기수영도 있어요. 주로 우리나라 중부 이남의
들이나 길가에서 자라죠. 수영처럼 새콤하고, 잎이 날렵한 창 모양이에요.

소리쟁이 _소리쟁이는 미끈둥쟁이

마디풀과 | 여러해살이풀
꽃 빛깔 : 연한 풀빛
꽃 피는 때 : 5~6월
크기 : 30~100cm

소리쟁이는 냇가나 구릉지, 도랑에서 흔히 볼 수 있어요. 축축한 곳을 좋아하고 물을 맑게 해주는 풀이라, 물이 시커먼 하천에서도 잘 자라요.

소리쟁이는 열매가 많이 달려요. 열매가 익었을 때 바람이 불면 서로 부딪히며 소리를 낸다고 소리쟁이라는 이름이 붙었대요. 우리 귀에 잘 들릴 정도는 아니고, 귀 기울이면 겨우 들려요. 이름이 소리쟁이니 이 풀에서 어떤 소리가 나는지 궁금하죠? 열매가 달린 줄기를 귀에 대고 흔들면 사그락사그락 씨 부딪히는 소리가 날 거예요. 소리쟁이는 '소루쟁이' '솔쟁이'라고도 해요.

가끔 소리쟁이와 수영이 헷갈린다는 사람이 있어요. 소리쟁이는 축축한 곳에, 수영은 낮은 산자락에 잘 자라죠. 소리쟁이는 잎이나 줄기에서 신맛이 나지 않고 미끈거리는데, 수영은 신맛이 나고 미끈거리지 않아요.

소리쟁이 씨는 물에 잘 뜨도록 날개 같은 부판이 있어요. 소리쟁이가 물가에서 잘 자라는 건 이 때문이에요. 보통 식물은 싹이 날 때 산소가 필요한데, 소리쟁이는 물에 산소가 거의 없거나 씨가 물에 잠겨도 싹이 잘 나요. 축축한 곳에서 어떻게든 씨를 퍼뜨리고 살아야 하는 소리쟁이의 생존 전략이죠.

부드러운 잎은 나물로 먹기도 해요. 삶아서 쌀뜨물에 우린 다음 죽이나 국을 끓이면 부드럽고 맛있어요.

소리쟁이 열매_ 6월 9일

소리쟁이 잎_ 4월 23일

소리쟁이_ 5월 15일

소리쟁이 나물_ 8월 24일

마디풀 _신석기시대에도 살았대요

마디풀과 | 한해살이풀
꽃 빛깔 : 붉은빛, 풀빛 도는 흰빛
꽃 피는 때 : 5〜9월
크기 : 10〜40cm

마디풀은 길가나 빈터에서 자라요. 옆으로 기면서 자라기도 하고, 기다가 비스듬히 서기도 해요. 마디가 많다고 마디풀이라 해요. 줄기가 많이 갈라지고, 마디가 많기도 하지만 턱잎이 마디를 둘러싸서 도드라져요. 잎집에 있는 턱잎은 막처럼 생겼어요.

마디풀은 질경이처럼 목숨이 질겨요. 사람이 밟고 다녀도 잎이 뭉개질 뿐, 단단하고 질긴 줄기가 살아남아 물과 양분을 옮기죠. 식물이 자라는 데는 크게 영양생장과 생식생장이라는 단계가 있어요. 영양생장은 줄기나 잎, 뿌리 같은 조직이 자라는 걸 말하고, 생식생장은 꽃을 피우고 씨를 맺는 걸 말해요. 마디풀한테 영양생장은 생식생장을 위한 수단일 뿐이어서, 작은 풀이 마디마디 많은 꽃을 달고 있어요. 번식하는 데 억척스럽다 보니 세계적으로 퍼져 자라요.

마디풀 씨는 신석기 유적지에서도 발견됐대요. 마디풀 씨는 싹이 틀 환경이 맞지 않으면 자는 듯 쉬는 성질(휴면성)이 있어요. 그러다 환경이 갖춰지면 얼른 싹을 틔우고 꽃을 피우죠.

마디풀 씨는 어느 때 싹이 날까요? 마디풀은 한해살이풀이라 씨가 땅에 떨어지면 보통 이듬해 싹이 나서 씨를 맺어요. 조건이 맞지 않으면 오랫동안 자기도 하고요. 마디풀 씨가 얼마나 오랫동안 잘 수 있을까요? 놀라지 마세요. 마디풀 씨는 400년 동안 자도 싹을 틔울 수 있대요. 이렇게 생명

마디풀_ 8월 3일

마디풀, 마디가 많다._ 7월 6일

마디풀 자라는 모습_ 10월 18일

마디풀 마디, 막 같은 턱잎이 싸고 있다._ 5월 16일

마디풀 씨_ 10월 26일

력이 강하니 신석기시대부터 살던 풀이 지금까지 잘 자라겠죠.

마디풀 꽃은 잎겨드랑이에서 한 송이나 여러 송이가 피어요. 언뜻 보면 꽃잎이 다섯 장 같지만, 이건 꽃받침이에요. 꽃이 너무 작아서 눈에 잘 띄지 않는데, 그나마 꽃받침이 있어 꽃이라는 느낌이 들어요. 마디풀 꽃을 본 사람은 많지 않아요. 다른 꽃에 견주면 눈곱만큼 작으니까요. 하지만 작아서 더 사랑스러운 게 풀꽃의 매력이기도 해요.

며느리밑씻개 · 며느리배꼽 _쌍둥이 같다고요?

며느리밑씻개

마디풀과 | 한해살이풀

꽃 빛깔 : 분홍빛, 흰빛
꽃 피는 때 : 6~9월
크기 : 100~200cm 뻗는다.

며느리배꼽

마디풀과 | 한해살이풀

꽃 빛깔 : 연한 풀빛
꽃 피는 때 : 6~9월
크기 : 100~200cm 뻗는다.

산과 들에 나가서 풀꽃을 보는 것도 즐겁지만, 사람들한테 풀꽃 이야기를 들려주는 것도 기뻐요. 그러다 보면 많은 사람이 풀꽃과 친구가 될 테니까요.

산이나 들에는 덩굴식물이 많아요. 그 가운데 며느리밑씻개와 며느리배꼽은 보면서도 헷갈린다는 사람이 많아요. 둘 다 덩굴로 자라고, 잎이 비슷하게 생겼거든요. 쌍둥이처럼 닮았다 해도 다른 구석 한 군데만 알면 구별하기 쉬워요.

며느리밑씻개와 며느리배꼽 견주기

구분	며느리밑씻개	며느리배꼽
꽃	분홍빛, 흰빛	연한 풀빛
열매	검은빛. 꽃받침에 싸인 세모꼴	남빛. 꽃턱잎에 싸인 둥근 모양
잎	날카롭고 뾰족한 세모꼴	깔끔하고 둥근 세모꼴
잎자루	잎 가장자리에 붙는다.	잎 안쪽에 붙는다.

어때요, 비슷해 보이지만 다른 점이 많죠? 자연에서 비슷한 두 풀을 견주고 숨은 비밀을 찾는 건, 동무들하고 숨바꼭질하는 것만큼이나 신나고 재미있어요.

며느리밑씻개_ 9월 2일

며느리배꼽_ 9월 23일

며느리밑씻개 싹_ 3월 24일

며느리밑씻개와 며느리배꼽 견주기_ 6월 9일

며느리밑씻개 꽃_ 9월 2일

　　산이나 들에 갔다가 팔다리를 긁혀본 적 있나요? 며느리밑씻개와 며느리배꼽은 가시가 날카로워 맨살로 다가가면 긁히기 쉬워요. 며느리밑씻개를 꺼끌꺼끌하다고 '꺼끄렁풀'이라고도 해요.

　　며느리밑씻개 이파리는 새콤한 맛이 나요. 가족 단위로 풀꽃을 보러 갔을 때, 며느리밑씻개 잎을 따서 먹어보라고 해요. 어떤 친구는 맛있다고 더 달라 하고, 어떤 친구는 가시가 있고 맛이 없다며 뱉어버리죠. 그런데 뱉어버리던 친구가 다음에 풀꽃을 보러 가면 며느리밑씻개 잎을 따서 먹기도 해요. 풀꽃하고 조금 더 친해진 거예요.

　　왜 며느리밑씻개라는 이름이 붙었는지 아나요? 종이가 귀한 옛날에는

며느리배꼽 싹_ 4월 1일

며느리배꼽 꽃_ 6월 24일

며느리배꼽 열매_ 10월 7일

볼일을 보고 화장지 대신 지푸라기나 나뭇잎, 심지어 새끼줄로 뒤를 닦기
도 했어요. 시어머니가 며느리를 벌주려고 가시투성이인 이 풀로 뒤를 닦
으라고 했다니 무서워요. 이 고약한 이름은 일제강점기에 쓰던 '의붓자식
밑씻개'라는 일본 이름을 그대로 흉내 내고 받아 쓴 거래요.

고마리 _고마운 풀

마디풀과 | 한해살이풀
꽃 빛깔 : 연분홍빛, 흰빛, 연붉은빛
꽃 피는 때 : 8~10월
크기 : 60~80cm

고마리는 '고만이' '고만잇대' '돼지풀'이라고도 해요. 며느리밑씻개 꽃하고 많이 닮았지만, 잎과 줄기가 달라요. 고마리 잎은 방패 모양에 얼룩점이 있어요. 고마리를 보려면 가까운 개울로 가야 해요. 도시에는 개울이 없다고요? 도시 사람들은 개울을 하천이라고 하더군요. 도시에 있는 개울에서 풀꽃을 보다가 친구들한테 개울과 하천이 어떻게 다른지 물었어요. 한 친구가 말했어요.

"개울은 깨끗하고, 하천은 더러운 것 같아요."

풀꽃지기 생각도 같아요. 개울에는 맑은 물이 흐르고 물고기가 사는 듯 싶은데, 하천은 생활하수와 깨진 병 조각, 퀴퀴한 냄새, 지저분한 쓰레기가 떠올라요. 개울보다 하천이 크다는 느낌도 들고요. 어딘지 모르게 지저분한 느낌이 드는 건, 하천이 그만큼 오염됐다는 말 같아 안타까워요. 하천은 본디 육지에서 물길을 따라 흐르는 큰 물줄기를 말하니까요.

고마리는 생활하수나 쓰레기로 더러워진 하천에서도 잘 자라요. 물가에 살며 물을 깨끗하게 하는 능력이 있거든요. 그래서 고마우리, 고마우리 하다가 고마리가 됐대요.

고마리는 흰 꽃과 분홍 꽃, 붉은 꽃이 피어요. 고마리 꽃봉오리를 보면 끄트머리만 붉어서 귀여운 것도 있어요. 고마리는 대개 한곳에 무리 지어 자라는데, 한꺼번에 피면 환한 꽃밭으로 바뀌죠.

고마리_ 9월 24일

고마리 싹_ 3월 30일

고마리 잎_ 9월 23일

고마리 꽃_ 10월 8일

고마리 꽃봉오리_ 10월 8일

고마리 흰 꽃_ 9월 17일

한번은 음식 만들기 좋아하는 동무 하나가 꽃구경하다 말고 고마리 꽃을 똑똑 따서 봉지에 담더라고요. 동무가 씩 웃으며 "고마리 꽃으로 튀김 만들어 먹으려고요" 하더니 한 접시가 될 만큼 땄어요. 그날 집에 와서 저녁을 먹는데, 이상하게 밥맛이 없었어요. 가만히 생각해보니 고마리 때문이지 뭐예요. '동무는 지금 꽃 튀김을 먹고 있겠지?' 생각하니 어찌나 군침이 돌던지요. '고마리 꽃 튀김은 어떤 맛일까? 이럴 줄 알았으면 나도 좀 모셔 올걸…'

몇 년 뒤 고마리 꽃 튀김을 해봤어요. 고마리 꽃 튀김 맛, 궁금하죠?

쇠비름 _다섯 빛깔 풀

쇠비름과 | 한해살이풀
꽃 빛깔 : 노란빛
꽃 피는 때 : 5~8월
크기 : 15~30cm

쇠비름은 농부가 싫어하는 풀이에요. 줄기나 잎에 물기가 많아, 뿌리째 뽑아도 잘 죽지 않거든요. 햇볕 쨍쨍한 날 쇠비름을 뽑아서 바위에 던져놓고 이튿날 보면 거뜬히 살아 있어요. 그러다 며칠 비가 오지 않으면 얼른 씨를 퍼뜨리고 말라 죽어요. 쇠비름이 얼마나 생명력이 강한지 옛이야기만 봐도 알 수 있어요.

아주 먼 옛날, 하늘이 벌겋게 타더니 해가 열 개나 나타났어요. 세상이 뜨거워 들판은 갈라지고, 곡식과 나무는 말라갔죠. 물이란 물은 마르고, 가축이 죽고, 사람들은 동굴에 숨어 하늘을 원망했어요. 그때 용사가 나타나서 해를 향해 활시위를 당겼어요. 용사가 해를 잇달아 떨어뜨리자, 마지막 남은 해는 이리저리 피하다가 쇠비름 잎과 줄기 속으로 숨었어요. 살아남은 해는 무사히 하늘 높이 올라갔어요. 그 뒤 해는 쇠비름이 고마워서 아무리 뜨거운 햇볕에도 이 풀이 말라 죽지 않게 했대요. 그래서인지 한여름에 가뭄이 심하면 다른 풀과 곡식은 시들시들 늘어지지만, 쇠비름은 푸릇푸릇 생기를 머금고 노란 꽃을 피워요.

쇠비름은 잎이 말 이빨을 닮았다 해서 '마치현'이라고도 해요. 음양오행설에서 말하는 다섯 가지 색과 기운을 갖췄기 때문에 '오행초'라고도 하죠. 잎은 푸르고, 줄기는 붉고, 꽃은 노랗고, 뿌리는 희고, 씨는 까맣죠. 쇠비름을 꾸준히 먹으면 오래 살아서 '장명채'라고도 해요.

쇠비름 잎_ 7월 13일

쇠비름 꽃_ 6월 23일   쇠비름 열매_ 11월 19일   쇠비름 쌈밥_ 7월 2일

개미자리 _잠자는 별

석죽과 | 한두해살이풀
꽃 빛깔 : 흰빛
꽃 피는 때 : 5~9월
크기 : 5~20cm

개미자리는 눈에 잘 띄지 않아요. 집 뜰이나 마당, 학교의 그늘진 담 밑에 있어요. 보도블록 틈이나 햇볕이 잘 드는 밭, 길가에도 자라고요. 그런데 왜 눈에 띄지 않을까요? 워낙 작은 풀이라 눈여겨보지 않으면 지나치기 쉽거든요.

개미가 사는 곳에서 잘 자란다고 개미자리예요. 별이 잠자는 풀이란 뜻으로 '성숙초'라고도 해요. 개미자리라는 이름도 예쁘지만, 별이 잠자는 풀이라니 정말 사랑스러워요. 풀꽃 이름이 어여쁜 게 많은데, 풀꽃지기가 아는 이름 가운데 가장 잘 어울린다는 생각이 들어요. 이 이름을 알고 나서 개미자리를 볼 때면 혹시 잠자는 별을 깨우지 않을까, 잠자는 별을 밟지 않을까 싶어 조심하게 돼요. 땅에 딱 붙어 잠자는 별을 떠올리면, 동화 속 주인공이 된 듯 기분이 좋아요.

이 꽃에 개미가 올라가 있는 모습을 보면 더 귀여워요. 개미는 풀 이름이 개미자리인지도 모를 텐데요. 개미가 왜 개미자리를 찾아올까요? 그야 꿀을 먹기 위해서죠. 개미는 꿀을 먹으면서 꽃가루받이를 해줘요. 그러니 둘은 아주 잘 어울리는 동무예요.

개미자리는 개미와 친구 하는 작은 풀이지만, 두 해를 살기도 해요. 가을이면 어느새 싹이 나 자라는 개미자리가 보여요. 이 풀이 겨울에 살아남아 줄기를 여러 개 뻗죠. 개미자리는 한두해살이풀이라 그해에 싹이 나서

개미자리_ 5월 23일

개미자리, 틈새에서 자라는 모습_ 5월 8일

개미자리 잎_ 7월 2일

큰개미자리_ 7월 1일

큰개미자리 잎_ 7월 1일

들개미자리_ 11월 15일

들개미자리 잎_ 2월 6일

유럽개미자리_ 5월 17일

유럽개미자리 잎_ 4월 16일

꽃이 피는 친구도 있어요.

잎이 개미자리보다 두꺼운 큰개미자리도 있어요. 개미자리 씨는 돋보기로 봐야 할 정도로 작은 원통형 돌기가 많고, 큰개미자리 씨는 돌기가 보일 듯 말 듯해 평평하고 매끈해 보이는 점이 달라요.

들개미자리는 '세발나물'이라고 마트에서 팔기도 하죠. 솔잎처럼 가는 잎이 12~20장씩 돌려나는데, 나물해 먹어요. 들개미자리 고향은 유럽이에요. 분홍 꽃이 피는 유럽개미자리도 고향이 유럽이에요. 유럽개미자리는 잎끝이 뾰족해요. 개미자리 종류를 보면 둘레에 개미가 있나 없나 찾아보는 게 재미있어요.

개별꽃 _숲속 별 밭

석죽과 | 여러해살이풀

꽃 빛깔 : 흰빛
꽃 피는 때 : 3월 말~6월
크기 : 5~12cm

풀꽃지기하고 동무가 차에서 내려 가랑잎이 쌓인 오솔길에 들어섰어요. 상쾌한 바람이 볼을 살살 만져주는데, 여기저기서 감탄사가 터져 나왔어요. 현호색이 발을 못 뗄 정도로 피어 있었거든요. 치마를 발랑 뒤집어 입은 듯한 얼레지, 별 모양 산자고도 지천이었죠. 꿩의바람꽃, 애기중의무릇, 족도리풀, 고깔제비꽃, 덩굴꽃마리 따위가 산비탈에 깔렸고요. 가슴이 벌렁벌렁 뛰었어요.

그날의 주인공 개별꽃은 '들별꽃'이라고도 하죠. 우리나라 전 지역 숲 그늘 밑에 자라요. 약으로 쓸 때는 '태자삼'이라고 해요. 여러해살이풀인데 인삼을 닮은 작은 뿌리가 있어서 이름에 '삼'이 붙었어요. 인삼 뿌리를 씹는 맛과 향이 나요.

개별꽃은 민간에서 기를 돋우고, 위장을 튼튼하게 하는 데 약으로 써요. 병을 앓고 나서 허약한 사람이나 몸이 약한 어린이, 노인이 먹으면 몸이 튼튼해진대요. 인삼과 효능이 비슷한데, 인삼 먹을 때 나타날 수 있는 부작용이 없다고 해요.

개별꽃은 이른 봄에 별 모양 흰 꽃이 피어요. 꽃이 지면 위쪽 잎이 난 자리와 뿌리 쪽에 닫힌 꽃(폐쇄화)이 몇 송이씩 달리고, 위쪽 잎 네 장이 커져서 돌려난 것 같아요. 봄에 꽃이 피었을 때랑 꽃이 지고 많이 자란 모습이 영 딴판이라, 다른 식물처럼 보이기도 하죠.

개별꽃_ 3월 23일

개별꽃 싹_ 3월 15일

개별꽃 잎과 열매_ 4월 16일

개별꽃 닫힌 꽃_ 6월 22일

개별꽃 닫힌 꽃, 벌어지기도 한다._ 6월 22일

개별꽃 종류는 별꽃이나 쇠별꽃보다 꽃이 커서 눈에 잘 띄는 편이지만,
집 둘레에서는 볼 수 없어요. 주로 산골짜기나 산비탈에서 가랑잎을 들추

덩굴개별꽃_ 5월 1일

숲개별꽃_ 4월 26일

참개별꽃_ 4월 15일

큰개별꽃_ 4월 10일

고 피거든요. 개별꽃이 피는 숲에 가면 별이 내려앉은 느낌이 들어요. 어때

요, 이른 봄에 개별꽃이 피는 숲에 가보지 않을래요?

별꽃 · 쇠별꽃 _땅에서 피어난 별

별꽃

석죽과 | 한두해살이풀

꽃 빛깔 : 흰빛
꽃 피는 때 : 2~6월
크기 : 10~20cm

쇠별꽃

석죽과 | 두해살이풀, 여러해살이풀

꽃 빛깔 : 흰빛
꽃 피는 때 : 4~5월
크기 : 10~50cm

일부러 찾아보지 않으면 꽃이 눈에 잘 띄지 않는 2월, 풀꽃 친구들하고 마을 빈터로 갔어요. 봄이 살금살금 오는 걸 보고 싶었거든요. 매실나무가 있는 곳으로 가니 꽃망울이 터지는 것도, 활짝 핀 꽃도 있었어요. 매실나무 아래는 얼치기완두랑 새완두 싹이 깔렸고요.

"와, 벌써 싹이 났어요!" "여기도 있어요!" "이게 무슨 싹이에요?" 그제야 놀라운 발견이라도 한 듯 앞다퉈 말하느라 바빴어요.

"봄이라고 정말 쑥쑥 올라왔네요. 그럼 이건 무슨 싹일까요?"

그러자 함께 온 동무가 자신 있다는 듯 말했어요. "쑥이에요! 쑥."

"맞아요, 쑥이에요. 쑥은 왜 쑥이라고 할까요?"

동무는 대답을 못 하고, 언젠가 함께 꽃을 보러 간 친구가 큰 소리로 말했어요. "쑥쑥 잘 자란다고 쑥이에요!" 그 말을 듣고 모두 고개를 끄덕이며 웃었죠.

우리는 쑥, 점나도나물, 얼치기완두, 떡쑥, 지칭개, 달맞이꽃, 벼룩이자리 따위를 찾았어요. 하지만 모두 꽃이 피지 않아서, 추위에도 꽃이 피는 걸 보여주려고 눈을 크게 떴어요. 갓 피기 시작한 냉이와 큰개불알풀, 유채, 별꽃이 보였어요. 풀꽃 친구들한테 어서 와보라고 하니, 모두 깜짝 놀라지 뭐예요. 이 추운데 꽃이 피는 게 신기하다면서요. 취재하러 온 기자분은 무리 지어 핀 큰개불알풀 꽃을 보고 탄성을 질렀어요.

별꽃_ 4월 12일

별꽃 잎_ 11월 26일

별꽃, 암술대 3갈래_ 4월 12일

쇠별꽃_ 5월 9일

쇠별꽃 잎_ 4월 9일

쇠별꽃, 암술대 5갈래_ 5월 9일

우리는 마음에 드는 꽃을 자세히 그리기로 했어요. 한 친구는 별꽃 봉오리와 줄기에 난 털까지 그리더군요. 고 작은 걸 어찌나 똑같이 그렸는지 정말 예뻤어요. 이름만 들어도 별처럼 생겼을 것 같죠? 맞아요, 별꽃은 꽃이 별 모양을 닮아서 별꽃이에요.

별꽃 꽃잎이 몇 장 같아요? 하나, 둘, 셋… 열 장이라고요? 후후, 별꽃 꽃잎은 다섯 장이에요. 꽃잎이 깊이 파여서 얼핏 열 장으로 보이죠. 쇠별꽃도 마찬가지예요. 별꽃, 쇠별꽃 꽃받침이랑 꽃을 한번 볼래요? 하얀 털이 송송 나서 별이 빛나는 것 같아요.

별꽃이랑 쇠별꽃에는 비밀이 있어요. 꽃이 필 때 고개를 들어요. 그래야 꽃가루받이해줄 곤충 눈에 잘 띄니까요. 꽃가루받이한 꽃은 꽃자루가 길어져 고개를 숙이고요. 아직 꽃가루받이하지 않은 꽃한테 자리를 양보하는 거죠. 열매가 익으면 다시 고개를 들어요. 열매가 터져서 씨를 잘 퍼뜨리려고요. 한 포기 안에서 때에 따라 서로 양보하고, 양보받으며 자손을 퍼뜨리는 풀꽃이 정말 대견해요.

별꽃과 쇠별꽃 견주기

구분	별꽃	쇠별꽃
사는 곳	들, 길가, 빈터	들, 길가, 빈터 축축한 곳
암술대	3갈래	5갈래
줄기	줄기에 1줄로 털이 있다.	어린줄기 위쪽에 1줄로 털이 있고, 자라면 없어진다.
잎 모양	잎 아랫부분이 둥글다.	잎 아랫부분이 심장 모양이다.

쇠별꽃은 꽃이 작은 별 모양을 닮았다고 쇠별꽃이에요. 식물 이름에 '쇠'가 들어가면 작다는 뜻이에요. 별꽃과 이름이나 꽃이 비슷한 풀이 많아요.

벼룩나물_ 4월 12일

벼룩나물 잎_ 4월 12일

벼룩이자리, 꽃잎 5장_ 4월 17일

벼룩이자리 잎_ 11월 18일

점나도나물, 유럽점나도나물보다 꽃자루가 길다._ 5월 1일

점나도나물, 잎자루가 길다._ 3월 12일

유럽점나도나물, 꽃자루가 짧다._ 4월 12일

유럽점나도나물, 잎자루가 짧다._ 11월 16일

덩굴별꽃. 덩굴로 자란다._ 9월 28일

덩굴별꽃 잎_ 4월 21일

누껑별꽃_ 5월 1일

뚜껑별꽃 잎_ 5월 1일

개벼룩_ 4월 20일

개벼룩 잎_ 4월 20일

동자꽃 _동자의 넋이 피어난 꽃

석죽과 | 여러해살이풀
꽃 빛깔 : 주황빛
꽃 피는 때 : 7~9월
크기 : 40~90cm

지리산 노고단에서 동자꽃을 처음 봤어요. 노고단은 우리나라를 대표하는 들꽃 학습장이라 할 만큼 꽃이 많고, 풍경도 빼어난 곳이죠. 산이 높아 '구름 위의 꽃밭'이라고 하는데, 비구름이나 안개에 가려질 때가 많아요.

산길 따라 가을꽃을 구경하며 올라가는데, 풀숲에 핀 꽃이 눈길을 사로잡았어요. 생각지도 못한 동자꽃이었어요. 형제 가운데 늦둥이 막내가 유독 귀여움을 받듯이, 늦게 핀 동자꽃이 그렇게 사랑스럽고 반가울 수가 없었어요. 그 순간 동자꽃 전설이 생각났어요.

옛날에 한 스님이 마을에서 탁발하다가, 부모 없이 혼자 사는 다섯 살짜리 남자아이를 만났어요. 스님은 가엾은 아이를 암자로 데려와 보살폈고, 아이는 동자가 됐죠. 그해 겨울, 양식이 떨어지자 스님은 탁발하러 혼자 마을로 내려갔어요. 그날 큰 눈이 내렸고, 스님은 동자가 걱정스러워 암자로 돌아가려다 그만 눈밭에 굴러 정신을 잃었어요. 마침 그곳을 지나던 사람이 스님을 자기 집으로 모시고 갔어요.

며칠 뒤 정신을 차린 스님은 암자로 돌아가려 했어요. 하지만 몸도 성치 않고, 눈이 워낙 많이 와서 길을 찾을 수가 없었어요. 스님은 산을 올려다보며 애태웠죠. 여러 날이 흐르고, 드디어 눈이 그쳤어요. 스님이 부랴부랴 암자로 갔는데, 동자는 어느새 이 세상 사람이 아니었어요. 오가는 사람 없는 암자에 다섯 살 난 아이 혼자, 양식도 없이 추위에 떨었으니까요.

동자꽃_ 7월 23일

동자꽃 잎_ 6월 26일

동자꽃 꽃봉오리_ 7월 23일

털동자꽃_ 7월 31일

제비동자꽃_ 7월 31일

이듬해 동자가 죽은 자리에서 붉은 꽃이 피어났고, 사람들은 '동자의 넋이 피어난 꽃'이라고 동자꽃이라 했어요.

동자꽃은 색깔이나 모양이 화려한데, 전설 때문인지 볼 때마다 애잔해요. 혹시 돌아가신 정채봉 선생님이 쓴 동화《오세암》을 아나요? 다섯 살 난 아이가 죽어서 부처가 된 절이라고 오세암이에요. 줄기와 잎에 털이 많은 털동자꽃, 꽃잎이 제비 꽁지처럼 날렵한 제비동자꽃도 있어요.

명아주 _지팡이 만드는 풀

명아주과 | 한해살이풀
꽃 빛깔 : 노란빛 띤 풀빛
꽃 피는 때 : 6~10월
크기 : 30~200cm

명아주는 '는장이'라고도 해요. 길가나 빈터, 밭 둘레에서 자라는 한해살이 풀이죠. 봄에 하얀 분가루를 뿌려놓은 듯한 싹이 올라와요. 어린잎은 데쳐서 된장 넣고 무치면 부드럽고 쌉싸래한 게 맛있어요.

명아주 나물을 해서 풀꽃 동무한테 한 접시 준 적이 있는데, 지금도 그 이야기를 해요. 정말 맛있었다고요. 강원도에서는 명아주메밀전병이 잔치 음식이에요. 명아주는 독성이 있어서 많이 먹으면 몸이 붓기도 하니, 분가루 같은 걸 잘 씻고 나물해야 해요.

명아주가 어떻게 생긴 풀인지 몰라도 이름을 들어본 사람은 많아요. 예부터 명아주로 만든 지팡이가 알려졌거든요. 명아주는 풀이지만 어른 키만큼 자라기도 하고, 줄기가 굵고 딱딱해요. 이 줄기로 지팡이를 만들어 짚고 다니면 중풍이나 신경통에 좋대요. 울퉁불퉁한 줄기가 멋스럽고 가벼워서 지팡이로 쓰기에 안성맞춤이죠. 예전에는 고희(古稀)를 맞은 어르신한테 나라에서 '청려장'이라는 명아주 지팡이를 내리기도 했어요. 건강하게 오래 살기를 바라면서요.

효도 지팡이로 잘 알려진 명아주도 꽃을 찬찬히 본 사람은 많지 않아요. 말랑말랑한 젤리에 설탕을 발라놓은 것 같은 꽃차례에서 아주 작은 별 모양 꽃이 피죠. 어찌나 작은지 스쳐 지나면 보기 힘들어요. 명아주 영어 이름이 구스풋(goosefoot)이에요. '거위 발'이라는 뜻이죠. 그러고 보니 명아

명아주_ 6월 27일

명아주 잎_ 6월 19일

명아주 꽃_ 9월 1일

명아주 줄기로 만든 지팡이_ 7월 2일

명아주메밀전병_ 5월 31일

주 잎이 거위나 오리 발에 있는 물갈퀴처럼 생겼지 뭐예요.

오래전 교사 연수 때 명아주를 보면서 명아주 지팡이 이야기를 하고 있었어요. 그런데 동네 어르신이 지나가다 손사래를 치며 이러는 거예요. "아, 그거 아니래요! 이 풀은 물러서 지팡이 못 맹글어요. 지팡이는 산에 나는 그 무신 낭구더라? 그걸로 맹글어요."

후후, 맞아요. 산에서 나는 나무로도 지팡이를 많이 만들어요. 그분은 흙이 기름진 곳에서 사람 키만큼 자라고, 줄기가 단단해진 명아주를 보지 못했나 봐요.

그날 교사 연수를 마치고, 키 큰 명아주 줄기를 모셔 왔어요. 풀꽃지기 키보다 큰 줄기에서 잔가지를 잘라내니, 지팡이로 쓸 만한 건 1m가 조금 넘었어요. 명아주 지팡이를 만들어 다음 연수 때 가져갔죠. 선생님들이 눈을 휘둥그레 뜨고 "이렇게 큰 명아주는 처음 봐요!" "줄기가 정말 나무처럼 단단해요!" "이렇게 긴데 어떻게 삶았어요?" 하며 이것저것 물었어요. 지팡이는 양쪽 끄트머리만 삶았어요. 찜솥에 넣어도 끄트머리밖에 잠기지 않았으니까요.

쇠무릎 _숨은 별 찾기

비름과 | 여러해살이풀
꽃 빛깔 : 연한 풀빛
꽃 피는 때 : 8~10월
크기 : 50~100cm

줄기 마디가 불거진 모양이 소 무릎을 닮았다고 쇠무릎이에요. 한자 이름은 '우슬'이죠. 어른들은 곰국을 해 먹는 소의 다리뼈(사골) 같다며 신기해해요. 지역에 따라 '쇠물팍'이라고 하는데, 물팍은 무르팍의 준말이자 무릎을 가리키는 전라도와 경상도 말이에요. 뼈를 잘 붙게 한다고 '접골초'라고도 해요.

쇠무릎 줄기에 불뚝한 마디는 벌레혹이에요. 다 그런 건 아니고, 쇠무릎 마디에 바늘귀만 한 구멍이 난 곳에 쇠무릎혹파리 애벌레가 있어요. 쇠무릎혹파리 암컷이 알을 낳은 거죠. 고 작은 친구가 통통한 마디에 알을 숨기면 집이 생기고, 적의 눈을 피할 수 있고, 춥지도 않다는 걸 어떻게 알았을까요?

하루는 다닥다닥 붙은 쇠무릎 열매를 보는데, 작은 별 모양 꽃이 눈에 띄었어요. 연한 풀빛 꽃이 어찌나 작은지, 누가 숨은그림찾기를 하려고 숨긴 것 같았어요. 쇠무릎 꽃은 꽃잎이 없어요. 꽃받침과 암술, 수술로 된 꽃이죠. 씨가 익으면 꽃받침이 날카로운 가시로 바뀌어 동물 털이나 사람 옷에 붙어서 퍼져 나가요.

쇠무릎에 얽힌 이야기 하나 들어볼래요? 옛날에 한 의원이 쇠무릎을 연구해 근육과 뼈에 탈이 난 것, 간과 창자와 콩팥에 병이 난 것을 치료했어요. 의원은 죽을 날이 가까워지자, 가장 미더운 제자한테 비법을 전하려고

쇠무릎_ 8월 23일

쇠무릎 잎_ 9월 6일

쇠무릎혹파리 애벌레_ 7월 16일

쇠무릎 마디_ 6월 22일

쇠무릎 뿌리_ 7월 23일

맘먹었죠. "내가 아는 것은 다 가르쳤으니, 이제 네 갈 길로 가거라."

그러자 한 제자가 스승님을 모시며 살겠다고 했어요. 속마음은 달랐어요. '이제까지 돈을 많이 벌었을 거야. 스승님이 돌아가시면 내가 다 가져야지.' 그 뒤 제자는 스승이 모아둔 돈이 없다는 걸 알고 쌀쌀맞게 대했어요.

의원은 다른 제자 집으로 찾아갔어요. 그 제자 역시 똑같았어요. 의원은 세 번째 제자를 찾아갔어요. 그 제자도 스승을 눈엣가시처럼 여겼어요. 의원이 제자들한테 의술만 가르치고 사람 도리를 가르치지 못한 걸 후회하며 길가에서 한숨을 쉬는데, 가장 어린 제자가 깜짝 놀라며 다가왔어요. "스승님, 어찌하여 이곳에 계십니까? 누추하지만 저희 집으로 가시지요." 어린 제자는 스승님을 모시고 가서 극진히 대했어요.

의원은 어린 제자가 오랫동안 자신을 대하는 것을 보고 감동받아, 비법을 가르쳤어요. "이건 나만 아는 비법이다. 너는 어질고 착한 마음으로 더 많은 사람을 치료하여라!" 얼마 뒤 스승은 세상을 떠났고, 제자는 스승의 마음을 받들어 사람들한테 존경받는 의원이 됐대요.

노루귀 _노루가 어디 있어?

미나리아재비과 | 여러해살이풀
꽃 빛깔 : 흰빛, 분홍빛, 보랏빛
꽃 피는 때 : 2월 말~4월
크기 : 6~13cm

'오늘쯤이면 노루귀 꽃이 피었을 거야.' 잔뜩 설레어 산으로 갔어요. 지난 가을에 노루귀 잎사귀가 지천인 곳을 봐뒀는데, 이틀 전에 혼자 갔을 때 꽃이 입을 꼭 다물고 있더라고요. 날만 좋으면 금방 필 것 같은 꽃봉오리가 아주 많았죠. 꽃 핀 모습을 보려고 점심을 먹고 집을 나섰어요.

가는 길에 동무를 차에 태웠어요. 얼마 뒤 우린 가랑잎을 밟으며 오솔길에 들어섰어요. 산비탈에 상수리나무와 갈참나무가 많아 바삭바삭 가랑잎 밟는 소리가 참 좋더라고요. 가랑잎을 밟으면 처음에 바삭거리다가 곧 폭신했어요. 발에서 전해지는 느낌이 마음과 몸을 이렇게 바꿨어요. '아, 이 순간이 참으로 행복하고 소중하구나!'

오솔길 둘레에 돋아난 엉겅퀴와 큰뱀무, 짚신나물 싹을 보며 오르다가 저도 모르게 소리를 내고 말았어요. "어머! 노루귀다!" 동무가 놀라며 다가왔어요. "노루가 어디 있어?" 그 말에 배꼽을 잡고 말았어요. "아이! 진짜 노루가 아니고, 저기에 노루귀 꽃이 피었어." 동무는 그제야 눈을 게슴츠레 뜨고 숲을 살피다가, 갑자기 보물이라도 찾은 듯 눈이 휘둥그레지지 뭐예요. "야, 저 꽃이 노루귀야? 정말 예쁘고 귀엽다." 동무는 조심조심 다가가더니 한참이나 노루귀와 눈을 맞췄어요. 그 모습이 어찌나 예쁜지….

분홍색과 흰색 노루귀 꽃이 가랑잎 사이로 여기저기 피었어요. 추운 겨울을 견디고 가랑잎 들추고 으샤으샤 올라왔을 고 작은 꽃이 참말로 대견

노루귀 분홍빛 꽃_ 3월 12일

노루귀 흰 꽃_ 3월 21일

노루귀 보랏빛 꽃_ 3월 28일

노루귀 잎_ 4월 8일

노루귀 얼었다 풀린 잎_ 2월 25일

노루귀 잎 뒷면_ 3월 29일

노루귀 열매_ 3월 28일

섬노루귀_ 5월 7일   섬노루귀 열매_ 5월 7일

했어요. 봄바람이 아직 맵찬데, 여리디여린 꽃이 피었으니 장하지 뭐예요.

　노루귀는 잎이 나올 때 털이 뽀송뽀송 말려 나는데, 그 모습이 노루 귀
를 닮았다고 노루귀라 해요. 제주도에서 노루귀와 섬노루귀를 보고 오다
가 순하고 겁 많은 노루를 만난 날은 정말 기뻤어요.

꿩의바람꽃 _꿩이 뭐시라고?

미나리아재비과 | 여러해살이풀
꽃 빛깔 : 흰빛
꽃 피는 때 : 2~5월
크기 : 10~20cm

옛 동무한테서 전화가 왔어요.

"친구야, 오랜만이다. 잘 살았더나?"

"그래, 너도 잘 살았어?"

"내 뭐 하나 물어보자."

"그래, 뭐가 궁금한데?"

"있제, 꿩의바람꽃이 꿩이 바람피울 때 피는 꽃 맞나?"

"꿩이 뭐시라고?"

그 순간 어찌나 우스운지 말문이 다 막히지 뭐예요. 그 동무, 꿩의바람
꽃이 왜 이런 이름이 붙었는지 무척 궁금했나 봐요. 바람꽃 무리는 봄바람
만 불어도 핀다고 바람꽃이라 해요. 꿩의바람꽃은 산골짝 나무 아래 꿩이
몸을 숨기고 앉았음 직한 곳에서 피어요. 이맘때 꿩이 알을 품거든요. 꿩
이 알을 품다가 사람이 다가가면 놀라서 푸드덕 날아오르겠죠? 꿩은 겁이
무척 많아요. 까마귀 날자 배 떨어진다고, 어쩌면 그때 꿩의바람꽃이 피었
을지도 몰라요.

꽃 이름으로 상상 놀이를 하면 재미있어요. 아주 오래전에 꿩이 바람을
일으키며 날아간 자리에서 이 꽃이 곱게 핀 걸 누가 봤거나, 상상력이 풍
부한 사람이 이름을 짓지 않았나 싶어요. 꿩이 화들짝 놀라 날아오를 때
꿩의바람꽃 한 송이가 피는 상상을 하면 그렇게 좋을 수가 없어요.

꿩의바람꽃 _ 4월 4일

변산바람꽃_ 2월 23일

나도바람꽃_ 4월 13일

너도바람꽃_ 3월 13일

만주바람꽃_ 3월 17일

홀아비바람꽃_ 4월 24일

회리바람꽃_ 5월 12일

들바람꽃_ 4월 28일

바람꽃_ 6월 5일

남방바람꽃_ 4월 15일

바람꽃에는 꿩의바람꽃, 나도바람꽃, 너도바람꽃, 만주바람꽃, 홀아비바람꽃, 회리바람꽃, 변산바람꽃, 들바람꽃, 남방바람꽃, 바람꽃 들이 있어요. 홀아비바람꽃은 꽃대 하나에 꽃이 하나 피어서, 변산바람꽃은 전라북도 부안군 변산에서 처음 발견돼서, 남방바람꽃은 주로 남부 지역에 자라서 이런 이름이 붙었어요. 대체로 이른 봄에 피는데, 바람꽃은 훨씬 늦게 피어요. 가는 봄이 아쉬운 듯 말이죠.

고추나물 _고추가 웃을 일이야

물레나물과 | 여러해살이풀

꽃 빛깔 : 노란빛
꽃 피는 때 : 7~8월
크기 : 20~60cm

고추나물은 산자락 메마른 곳보다 물기가 조금 있는 곳을 좋아해요. 열매가 고추를 닮아서 고추나물이라 해요. 줄기가 똑바로 서서 자라는데, 마주난 잎이 깔끔하고 단정하죠.

풀꽃지기는 처음에 고추나물 열매를 보고 생각했어요. '이 열매가 고추를 닮았다니 고추가 웃을 일이네!' 그때까지 덜 익었거나 마른 고추나물 열매만 봤거든요. 아무리 봐도 양념으로 먹는 고추를 닮았다는 생각이 들지 않았어요. 시골에 살 때 고추를 많이 따봤으니 잘 안다고 생각했죠. 게다가 땅을 보지 않고 하늘로 뾰족뾰족 치솟듯 달렸으니 고추랑 다르더라고요.

얼마 뒤 빨갛게 익은 고추나물 열매를 보고 무릎을 쳤어요. "와, 이름 한번 잘 지었네." 빨갛게 익은 열매가 딱 고추를 닮았지 뭐예요. 우리가 먹는 고추와 다르지만, 꽃집에서 파는 꽃고추랑 많이 닮았어요. 사진 한번 보세요. 몽톡한 고추나물 열매가 하늘을 콕콕 찌르듯이 위를 보고 있죠? 꽃고추가 이렇게 생겼어요. 고추나물보다 훨씬 작은 좀고추나물도 있어요.

고추나물이 보고 싶으면 여름이나 가을에 산길을 걸어보세요. 등산로 둘레에서 여름에는 샛노란 꽃을, 가을에는 고추 닮은 빨간 열매를 만날 수 있어요. 갑자기 고추나물 열매를 먹어보지 않은 게 안타깝네요. 진짜 고추처럼 매운지 맛을 봐야 하는데….

고추나물_ 8월 29일

고추나물 잎_ 5월 24일

고추나물 열매_ 9월 4일

좀고추나물, 습지에서 자란다._ 9월 19일

좀고추나물 잎_ 7월 17일

애기똥풀 _아기 똥이 뭐가 노래요?

양귀비과 | 두해살이풀
꽃 빛깔 : 노란빛
꽃 피는 때 : 4월 말~8월
크기 : 30~80cm

애기똥풀, 이름이 참 재미있죠? 잎이나 줄기를 뜯으면 나오는 진액이 아기 똥처럼 노랗다고 애기똥풀이라 해요. "에이! 아기 똥이 뭐가 노래요?" 이러는 사람도 있을 거예요. 맞아요. 이유식이나 밥을 먹는 아기 똥은 예쁜 노랑이 아니에요. 하지만 엄마 젖을 먹는 갓난아기 똥은 샛노랗거든요. 애기똥풀 진액은 노란 물감을 짜놓은 것 같지만, 냄새가 고약해요.

애기똥풀은 시골 길가나 도랑 옆에서 흔히 볼 수 있어요. 도시의 철길 옆이나 빈터에서도 더러 자라죠. 풀꽃지기가 어릴 때는 애기똥풀을 뜯어서 노란 진액을 손톱에 칠하며 놀았어요. 서로 자기 손톱이 매니큐어같이 예쁘다고 자랑하면서요. 노랗게 물든 손톱을 보며 어른이 된 듯 기분이 좋았거든요. 애기똥풀을 손톱에 칠하고 집에 가면 엄마한테 핀잔을 들었어요. "야가 측간(화장실)에서 놀다 왔나, 와 이래 구린내가 나노?"

그러면 후다닥 손을 씻었어요. 손톱에 묻은 애기똥풀 진액은 잘 지워지는데, 옷에 묻은 진액은 쉽게 지워지지 않더라고요. 한번은 그 맛이 궁금해서 옷에 묻은 진액에 혀를 대봤어요. 어휴! 어찌나 쓴지…. 애기똥풀 진액이 살균 작용을 한다지만, 독성이 강하니 함부로 맛보면 안 돼요.

애기똥풀은 젖 같은 즙이 나온다고 '젖풀', 줄기가 가느다랗고 억세게 생겼다고 '까치다리'라고도 해요. 까치 다리를 본 친구 있나요? 애기똥풀이나 젖풀이나 까치다리나 듣고 뭔가 떠올릴 수 있는 이름은 정겨워요.

애기똥풀_ 4월 18일

애기똥풀 무리_ 4월 26일

애기똥풀 잎_ 4월 21일

애기똥풀 진액_ 3월 30일

애기똥풀 씨_ 6월 9일

애기똥풀 씨에는 개미가 좋아하는 엘라이오솜이 붙어 있어요. 개미가 씨를 물고 가서 엘라이오솜(하얀 부분)만 먹고 씨는 내다 버려요. 그래서 개미가 사는 바위틈이나 나무에 난 구멍에 애기똥풀이 자라기도 하죠. 개미가 애기똥풀 씨를 물고 가는 모습이 보고 싶네요.

현호색 _하늘빛 꽃

현호색과 | 여러해살이풀
꽃 빛깔 : 하늘빛, 보랏빛, 분홍빛
꽃 피는 때 : 3월 말~5월
크기 : 10~20cm

4월 초에 굴렁쇠 친구들과 봉림산에 갔어요. 친구들하고 이 꽃 저 꽃 눈을 맞추다 보니 어느새 마칠 시간이 됐지 뭐예요. 그날은 풀꽃지기도, 친구들도 전혀 아쉽지 않았어요. 짧은 시간에 아주 많은 꽃을 봤거든요. 현호색, 남산제비꽃, 둥근털제비꽃, 개별꽃이 골짜기 양옆으로 발 디딜 틈 없이 깔려 있었죠.

현호색 꽃을 가장 먼저 본 친구는 눈이 휘둥그레졌어요. "와, 꽃이 정말 많아요! 이런 꽃은 처음 봐요." 길 따라 걸으며 현호색을 본 다른 친구들도 놀란 낯빛이었어요. 그 모습을 보고 굴렁쇠 친구들과 오길 참 잘했다 싶어 행복했어요.

그때 한 친구가 말했어요. "이상해요! 지난주에도 여기 왔다 갔는데, 그때는 꽃이 하나도 없었어요." 그 친구는 간밤에 도깨비가 꽃을 피우기라도 한 듯 어리둥절한 낯빛이었어요.

"이렇게 꽃이 많은데 하나도 없더라고? 지난주에 혹시 다른 길로 왔다 가지 않았니?"

"아니에요, 분명히 이 골짜기로 올라갔어요." 온 가족이 숨을 헐떡거리며 앞만 보고 산꼭대기까지 올라갔다 내려왔대요. 그러니 어여쁜 꽃을 보지 못하고 무심코 지나쳤을 수도 있죠. 무리 지어 핀 현호색을 보면, 풀꽃지기도 숨이 멎을 것 같아요. 산자락에 현호색 꽃이 깔려서 피면 '우리 산

현호색_ 4월 4일

남도현호색, 꽃이 작고 흰빛이 돈다._ 4월 4일

조선현호색, 꽃턱잎이 갈라진다._ 3월 31일

갈퀴현호색, 꽃받침이 갈퀴 모양_ 5월 2일

들현호색, 잎에 얼룩무늬가 있다._ 4월 13일

쇠뿔현호색, 작은잎이 선 모양_ 3월 15일   좀현호색, 현호색보다 전체가 작다._ 3월 31일

과 들이 이렇게 아름다운 곳이지' 하는 생각이 들어요.

현호색 종류는 여러 가지예요. 꽃은 하늘빛도 있고, 보랏빛도 있고, 두 가지 색이 섞인 것도 있어요. 꽃 빛깔은 흙 성분에 따라 조금씩 달라요. 현호색은 잎 모양이나 꽃에 따라 현호색, 남도현호색, 조선현호색, 갈퀴현호색, 들현호색, 좀현호색 등 종류가 많아요. 현호색만 알면 '이 꽃도 현호색 종류네' 하고 알아채기 쉬워요.

냉이 _풀꽃 악기

십자화과 | 두해살이풀
꽃 빛깔 : 흰빛
꽃 피는 때 : 3~6월
크기 : 10~50cm

풀꽃 친구들하고 유채 꽃이 다문다문 피어 있는 빈터로 나들이를 갔어요. 그곳에는 봄꽃이 발 디딜 틈 없이 피어 있었어요. 이름을 불러주며 신나게 광대나물, 꽃다지랑 눈을 맞추는데, 열매를 맺은 냉이가 보이더군요. 봄나물로 먹는 냉이가 어느새 꽃대를 길게 뽑아 열매를 맺고 있었죠. 세모꼴 열매가 줄줄이 달린 걸 보니, 갑자기 풀꽃 악기 소리가 듣고 싶었어요.

"우리, 풀꽃으로 악기 만들어볼까요?"

"풀꽃 악기도 있어요?" "풀꽃으로 어떻게 악기를 만들어요?" "풀꽃 악기도 소리가 나요?" 모두 궁금해서 못 참겠다는 낯빛이에요. 그래서 열매가 많이 달린 냉이 꽃대를 하나씩 모셔 오라고 했어요. 친구들은 흩어졌다가 금세 몰려오더니, 어서 풀꽃 악기를 만들자고 서둘러요.

"왕산악이 거문고를 만들었죠? 풀꽃지기는 풀꽃 악기를 만들겠어요." 너스레를 떨며 본보기를 보였죠. 줄기에서 열매자루를 조금씩 찢었어요. 그러면 열매가 처지거든요. 열매자루를 차례대로 찢은 다음, 꽃대 아래쪽을 잡고 비비듯 살살 돌렸어요. 냉이 열매가 서로 부딪히면서 '차르르차알 찰' 하는 작은 소리가 났죠. 친구들은 풀꽃 악기 소리가 신기하다며 앞다퉈 귀를 갖다 댔어요.

"풀꽃 악기 소리 들어본 사람은 어떤 소리가 나는지 모두한테 자랑하기예요." 먼저 민솔이 귀에 대고 냉이 꽃대를 살살 돌렸어요. 무슨 소리인지

냉이_ 3월 18일

냉이 뿌리잎_ 11월 18일

냉이 열매_ 5월 3일

냉이 풀꽃 악기_ 4월 15일

다닥냉이, 열매가 다닥다닥 달린다._ 5월 18일

다닥냉이 뿌리잎, 매운맛이 난다._ 10월 7일

황새냉이, 열매가 황새 다리처럼 길다._ 4월 22일

황새냉이 뿌리잎, 매운맛이 난다._ 11월 18일

싸리냉이, 잎이 잘게 갈라진다._ 5월 2일

싸리냉이 뿌리잎_ 4월 7일

말냉이, 냉이보다 크다._ 3월 27일

말냉이 뿌리잎, 주걱 모양이다._ 3월 16일

미나리냉이, 잎이 미나리를 닮았다._ 4월 27일

미나리냉이 잎_ 4월 4일

물냉이_ 5월 23일

물냉이 잎, 물가에 자란다._ 11월 26일

개갓냉이, 갓 맛이 난다._ 9월 12일

개갓냉이 뿌리잎_ 5월 1일

모래냉이, 모래땅에 자란다._ 5월 5일

모래냉이 뿌리잎_ 5월 5일

고추냉이, 울릉도에서 자란다._ 5월 7일

고추냉이, 매운맛이 난다._ 5월 7일

느쟁이냉이_ 5월 15일　　　　　　　　　　　　　　　　느쟁이냉이 뿌리잎_ 3월 1일

잘 모르겠다며 고개를 젓더군요. 그래서 다음 친구 귀에 대고 돌렸어요.
그때 민솔이가 소리쳤어요. "선생님, 생각났어요. 냄비에 깨 볶는 소리가
나요."

　그러자 다른 친구들도 신기하다 싶은지, 서로 먼저 들으려고 차례까지
정하더군요. "풀잎에 빗방울 떨어지는 소리가 나요.""이슬이 맺혔다 떨어
지는 소리 같아요.""프라이팬에 소금 볶는 소리가 나요.""쥐가 뭘 갉아
먹는 소리 같아요.""낙엽 밟는 소리가 나요.""쌀 떨어지는 소리가 나요."

　어때요, 씨앗을 퍼뜨려주면서 냉이 풀꽃 악기 소리 한번 들어보고 싶죠?

꽃다지 _나는 구둣주걱 모양

십자화과 ㅣ 두해살이풀

꽃 빛깔 : 노란빛
꽃 피는 때 : 3~5월
크기 : 10~25cm

꽃다지는 이름도, 꽃도 예뻐요. 꽃방석처럼 빙 돌려난 잎이 사랑스럽고, 어느 하나 더하고 덜함 없이 고루고루 볕을 쬐고요. 찬 바람을 견디려고 털이 보송보송해요. 무리 지어 자란 꽃다지 뿌리잎(근생엽)을 보면, 뺨에 솜털이 보송한 아이들이 볕 드는 곳에서 노는 것처럼 귀여워요.

남쪽에서는 2월 말쯤이면 양지바른 곳에 핀 꽃다지 꽃을 어렵잖게 볼 수 있어요. 이때는 꽃대가 덜 자라서 짧은 채 꽃이 피는 일이 많고, 날이 풀리면 어느새 꽃대를 쑥 뽑아 올리죠. 꽃다지는 오래전부터 준비해왔기 때문에 일찍 꽃을 피워요. 지난가을에 난 싹이 땅에 바짝 붙어서 추운 겨울을 견뎠거든요.

한겨울에는 살아 있는 풀이 없는 줄 아는 사람들이 있어요. 잘 보이지 않거나, 눈여겨보지 않거나, 관심이 없어서 그렇지 냉이나 개망초, 뽀리뱅이, 달맞이꽃 같은 로제트 식물이 겨울 들판에 씩씩하게 자라는데 말이죠. 이런 풀은 어째서 눈에 잘 띄지 않을까요?

겨울에는 풀이 웃자라지 않기 때문이에요. 자칫 너무 자라면 얼기 쉽거든요. 그래서 꽃다지처럼 꽃방석 모양으로 자란 다음, 땅에 딱 붙어서 목숨을 이어가죠. 겨울에는 해가 짧고 볕이 덜 뜨거우니 광합성을 하는 양이 적어, 이파리가 불그죽죽하거나 거무스레하거든요. 흙이랑 비슷한 빛깔이니 눈에 잘 띌 리 없어요. 봄볕이 길고 따뜻해지면 어느새 풀빛이 환하게

꽃다지 무리_ 4월 12일

꽃다지_ 3월 9일

꽃다지 뿌리잎_ 2월 26일

꽃다지 열매_ 4월 11일

돌고, 꽃대를 쏙 뽑아 올려 꽃을 피우죠.

마늘 밭이나 밭둑 같은 데 쪼르르 핀 꽃다지를 볼 때마다 말해요. "꽃다지야, 지금 꽃이 피길 정말 잘했어! 풀이 무성해진 다음에 피면 보이지 않을 뻔했잖아. 구둣주걱 모양 열매도 참 예쁘네."

장대나물 _장대나물을 보고 세 번 놀랐어요

십자화과 | 두해살이풀
꽃 빛깔 : 연노란빛 도는 흰빛
꽃 피는 때 : 4~6월
크기 : 40~100cm

줄기가 장대처럼 길고, 나물해 먹어서 장대나물이에요. 장대는 감을 따거나 빨랫줄을 받칠 때 쓰는 긴 막대기로, 대개 밋밋한 나무나 대나무를 다듬어서 만들어요. 장대나물은 줄기가 길어서 '깃대나물'이라고도 해요. 작은 풀이 100cm나 자라기도 하니 길지만, 장대만큼 길지는 않아요.

풀꽃지기는 늘 꽃을 보러 다니면서도 장대나물을 보고 세 번이나 놀랐어요. 처음엔 뿌리와 줄기에 난 잎이 무척 달라서 놀랐어요. 이른 봄에 어느 무덤 옆을 지나는데, 뽀얀 털을 뒤집어쓴 이파리가 꽃방석 모양으로 돌려났어요. 그 무덤은 띠나 잔디가 잘 자라지 못했는데, 뿌리에서 나온 잎이 꽃 도장을 찍어놓은 듯 여기저기 있었어요. "어릴 때부터 많이 보던 풀인데…. 이름을 알 때까지 '꽃도장'이라고 불러줄게." 그날은 그렇게 내려왔어요.

얼마 뒤 장대나물이 핀 걸 봤는데, 뿌리 부분에 궁금하던 잎이 말라가며 붙어 있었어요. 반갑기도 하고 놀랍기도 했죠. "어, 넌 꽃도장이잖아. 네가 장대나물이었어?" 뿌리에서 난 잎과 줄기에 난 잎이 달라서 얼른 알아보지 못한 거예요.

두 번째는 꽃 때문에 놀랐어요. 장대같이 멀쑥한 줄기 위쪽에 작고 깔끔한 꽃이 피어 있었으니까요. 그걸 보고 말했죠. "우유에 연하게 풀빛을 섞어놓은 빛이야."

장대나물_ 4월 29일

장대나물 뿌리잎_ 3월 17일

장대나물 꽃_ 5월 21일

장대나물 열매_ 5월 18일

노란장대 잎_ 4월 11일

노란장대_ 5월 19일

세 번째는 열매를 보고 놀랐어요. 장대나물은 키만 멀쑥한 게 아니라, 열매도 길더라고요. 풀꽃지기를 세 번이나 놀라게 한 장대나물, 이름값 톡톡히 하는 꽃이죠?

노란 꽃이 피는 노란장대도 있어요. 노란장대 잎과 어린순도 장대나물처럼 나물해 먹어요.

뱀딸기 _뱀이 먹는 딸기라고요?

장미과 | 여러해살이풀
꽃 빛깔 : 노란빛
꽃 피는 때 : 4~7월
크기 : 30~100cm

뱀이 다니는 풀숲에서 자라고, 뱀처럼 줄기가 기면서 자라는 딸기라고 뱀딸기라 해요. 논두렁을 걷다가 빨갛게 익은 뱀딸기를 봤어요. 크고 탐스러운 열매를 따서 입에 넣었는데, 갑자기 웃음이 나오더군요. 어릴 때 뱀딸기를 먹는데 진짜 뱀이 기어가는 걸 보고 도망치다가 무논에 빠진 일이 생각났거든요.

뱀딸기는 논둑이나 밭둑, 숲 언저리에 많이 자라요. 어른들이 "뱀딸기를 먹으면 뱀이 나온다" "뱀딸기는 뱀이 먹는 딸기다"라며 겁을 주곤 했지만, 시골 아이들한테 뱀딸기는 맛난 군음식이었어요. 그때는 먹을 게 별로 없어서 물기가 많고 퍼석하고, 달짝지근하지만 별맛이 없는 뱀딸기도 정말 맛있었어요.

뱀딸기는 먹어도 될까요? 예, 먹을 수 있어요. 뱀딸기는 먹으면 안 된다고 아는 사람이 많은데, 그렇지 않아요. 물론 지나치게 많이 먹어서 좋을 건 없겠죠.

빨간 뱀딸기 사진을 한번 보세요. 우리가 아는 빨간 딸기는 꽃턱(가운데 부분)이 크고 둥글게 자란 거예요. 빨간 꽃턱에 다닥다닥 붙은 게 뱀딸기 열매인데, 이런 열매를 수과라고 해요. 꽃턱 겉에 깨알처럼 박힌 게 씨예요. 뱀딸기를 하나 먹으면 씨를 엄청 많이 먹는 셈이죠. 가게에서 파는 딸기도 마찬가지예요.

뱀딸기 열매_ 4월 17일

뱀딸기, 작은잎 3장_ 4월 17일

뱀딸기 꽃받침_ 6월 1일

양지꽃_ 4월 12일

양지꽃 잎_ 4월 1일   양지꽃 꽃받침_ 4월 1일

뱀딸기는 열매가 익으면 모르는 사람이 별로 없는데, 꽃만 피었을 때는 양지꽃이랑 비슷해서 구별하기 힘들다는 사람이 많아요. 꽃 모양이나 빛깔, 피는 때가 비슷해서 그런 모양이에요. 두 꽃과 닮은 꽃도 많아요.

참! 뱀딸기는 옆으로 기면서 자라고, 땅에 닿는 마디에서 뿌리를 내어 번식해요. 그러니 땅에 깔린 듯 무리 지어 자라서 '땅딸기'라고도 하죠. 양지꽃은 뿌리에서 나온 잎 사이에서 줄기가 여러 개 나와 한 떨기로 소담하게 피어요.

뱀딸기와 양지꽃 견주기

구분	뱀딸기	양지꽃
잎	작은잎 3장	작은잎 5~13장
꽃턱	딸기가 될 부분이라 둥그스름하다.	약간 볼록하다.
꽃받침	꽃보다 크다. 꽃받침 갈래는 뾰족하고, 부꽃받침은 끝이 갈라진 모양이다.	꽃보다 작다. 꽃받침 갈래와 부꽃받침이 모두 뾰족하다.
꽃의 수	꽃줄기 하나에 꽃 하나	꽃줄기 하나에 꽃이 여러 송이
자라는 모습	줄기가 뻗으며 번식해서 무리 지어 자란다.	한 뿌리에서 줄기가 여러 개 나와 떨기를 이룬다.

돌양지꽃, 높은 산 바위틈에서 자란다._ 7월 17일

세잎양지꽃, 작은잎 3장_ 5월 6일

민눈양지꽃, 가장자리 톱니가 거칠다._ 4월 20일

솜양지꽃, 잎 뒷면이 희다._ 5월 28일

제주양지꽃, 한라산과 오름에 자란다._ 4월 19일

물양지꽃, 깊은 산 축축한 곳에 자란다._ 7월 23일

가락지나물, 작은잎 5장_ 5월 4일

딱지꽃, 작은잎 15~29장_ 6월 22일

개소시랑개비_ 5월 28일

개소시랑개비 뿌리잎_ 11월 1일

좀개소시랑개비, 혀 모양 꽃잎이 작다._ 5월 3일

좀개소시랑개비 잎_ 4월 11일

오이풀 _웬 오이 냄새야

장미과 | 여러해살이풀
꽃 빛깔 : 진자줏빛
꽃 피는 때 : 7~10월
크기 : 30~150cm

오이 냄새가 나서 오이풀이에요. 잎을 비비면 오이나 수박 냄새가 물씬 나죠. 봄에 물이 오르기 시작할 때, 오이보다 진하게 오이 냄새가 나요. 처음에는 어찌나 신기하던지.

오이풀은 이파리가 깔끔하고 예뻐요. 특히 잎이 날 때 보면 뽀얀 털을 뒤집어쓴 것도, 반으로 납작하게 접혔다가 펴지는 것도 예뻐요. 수줍은 듯 고개를 숙였다가 펴지는 잎이 볼수록 사랑스럽죠.

가끔은 비가 오지도 않았는데, 오이풀 어린잎에 이슬이 조랑조랑 매달린 게 보여요. '이상하네! 다른 풀에는 이슬 한 방울 없는데, 어떻게 오이풀에만 구슬 같은 이슬이 맺혔을까?'

이슬이 아니었어요. 식물의 뿌리는 물을 빨아들이고 잎은 이산화탄소를 빨아들여 양분을 만드는 탄소동화작용을 하죠. 밤에는 탄소동화작용을 하지 않으니, 뿌리가 빨아들인 물이 남으면 몸 밖으로 내보내요. 사진에 보이는 물방울은 그렇게 생긴 거예요. 필요한 것만 몸에 품고 나머지는 내보내죠. 물방울은 한낮이 되면 다시 잎으로 들어가요.

식물은 보통 때 광합성을 하며 물을 잎 뒷면에 있는 숨구멍(기공)을 통해 기체 상태로 내보내는데, 일부는 식물의 배수조직을 통해 액체 상태로 내보내기도 하죠. 배수조직은 식물에서 불필요한 물을 배출하거나 표면의 습도를 유지하기 위해 수분을 배출하는 조직이에요. 성장이 빠른 어린잎

오이풀_ 8월 24일

오이풀 잎_ 4월 27일

오이풀 잎에 맺힌 물방울_ 6월 24일

가는오이풀, 꽃차례가 가늘다._ 9월 3일

가는오이풀, 잎이 갸름하다._ 10월 17일

산오이풀, 높은 산에서 자란다._ 8월 20일

산오이풀 잎_ 5월 23일

일수록 이런 현상이 잦아요.

오이풀 꽃은 둥글게 모여서 피어, 작은 막대 사탕 같아요. 꽃자루 끝에 동그랗게 뭉쳐 핀 꽃이 한 송이가 아니고, 작은 꽃 여러 송이가 등을 맞댄 듯 붙어 있어요. 오이풀은 오이 즙처럼 불에 데었을 때 좋은 약이 된대요.

오이풀은 양지바른 산자락 같은 데서 자라요. 잎이 가는 가는오이풀, 높은 산 바위틈에 자라는 산오이풀도 있어요.

짚신나물 _두루미가 준 선물

장미과 | 여러해살이풀

꽃 빛깔 : 노란빛
꽃 피는 때 : 6~8월
크기 : 30~100cm

열매가 짚신에 잘 달라붙고, 어린잎을 나물해 먹어서 짚신나물이에요. 예전에 우리 조상들은 짚으로 삼은 신을 신었죠. 잎 가장자리에 톱니가 있고 주름진 잎맥이 많은 게 짚신을 닮아서 짚신나물이라 한다고도 해요.

짚신나물은 '용아초' '선학초'라고도 해요. 용아초는 이른 봄에 돋아난 새싹이 용의 이빨을 닮아서 붙은 이름이에요. 선학초라는 이름에는 재미난 이야기가 전해져요.

옛날에 두 친구가 과거를 보려고 한양에 가고 있었어요. 과거 날짜에 맞추려고 여러 날 쉬지 않고 걷다가 한 친구가 그만 병이 나고 말았어요. 그 친구는 어지럽고, 온몸에 힘이 빠지고, 코와 입에서 피가 뚝뚝 떨어졌어요.

"물, 제발 물 좀 주게나."

"이보게, 여긴 모래벌판이라 물이 한 방울도 없네. 조금만 참게."

그때 두루미 한 마리가 홀연히 날아오더니, 입에 물고 있던 풀을 떨어뜨리고 갔어요.

"이보게! 두루미가 이 풀을 주고 가는군. 이것으로라도 목을 축이게."

아픈 친구는 목이 너무 말라 풀을 씹어 먹었어요. 그러자 신기하게도 코와 입에서 나오던 피가 멎고, 병이 말끔히 나았어요. 이 모습을 지켜본 친구가 말했어요. "선학(仙鶴)이 선초(仙草)를 보냈구먼." 덕분에 두 친구는 무사히 과거를 치르고 나란히 급제했죠.

짚신나물_ 7월 16일

짚신나물 잎_ 5월 26일

짚신나물 꽃_ 7월 16일

짚신나물 열매_ 9월 28일

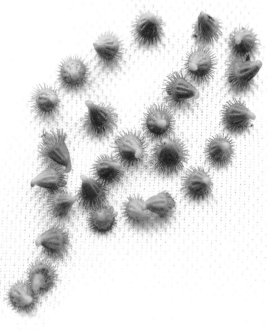

옷에 붙은 짚신나물 열매_ 9월 28일

병이 났던 친구가 말했어요. "자네가 아니었다면 나는 과거를 못 봤을걸세. 어쩌면 벌써 이 세상 사람이 아닐지도 모르지."

"아닐세. 자네를 구한 건 내가 아니라 두루미네."

"그 말도 맞네. 그때 두루미가 준 풀이 뭘까?"

"그건 나도 모르겠네. 우리 그 약초를 찾아보세. 그 풀이 많은 사람을 살릴 수도 있지 않겠는가?"

두 친구는 그 풀을 그려서 여러 사람한테 찾도록 부탁했어요. 사람들은 산과 들을 헤매다가 마침내 그 풀을 찾았어요. 그런데 안타깝게도 이름을 아는 사람이 없었죠. 두 친구는 약초를 준 두루미를 떠올리며 선학초라고 했어요. 그 뒤 사람들은 피를 멎게 하는 약으로 짚신나물을 널리 썼대요. 참, 두루미는 학의 우리말 이름이에요.

차풀 _이름값 톡톡히 하는 풀

콩과 | 한해살이풀
꽃 빛깔 : 노란빛
꽃 피는 때 : 7~9월
크기 : 15~60cm

어릴 때 차풀을 보며 생각했어요. '매만진 듯 깔끔하고 부드러운 풀이네!' 이름 모르는 풀이 맘에 들었죠. 빈터에 심어 가꾼 듯 가지런히 깔려 자라는 모습을 자주 봤거든요.

차를 우려 마시는 풀이라고 차풀이에요. 잎과 줄기를 덖거나, 볶은 씨를 우려 마시면 오줌이 잘 나온대요. 잘 먹고 잘 싸는 건 건강하다는 증거죠. 말린 차풀이나 열매를 '산편두'라 해서 여러 가지 약재로 써요.

우리 조상들은 쓰임이 많고, 모양이 가지런한 차풀을 '며느릿감나물'이라고 했어요. 며느리가 될 사람은 매무새도 가지런하고, 일을 척척 잘해 쓰임이 많길 바라서 그랬을까요?

이 풀이 미모사인 줄 아는 사람도 있어요. 꽃집에서 팔고, 손대면 금세 오므라드는 식물이요. '잠풀' '신경초'라고도 하는 미모사는 차풀과 잎 모양이 비슷하지만, 사는 곳이나 꽃 모양이 달라요. 들이나 빈터에서 절로 자라는 차풀은 만진다고 오므라들지 않지만, 밤에 잎을 오므리긴 해요. 비슷한 풀 가운데 자귀풀도 있어요. 자귀풀은 논같이 축축한 곳을 좋아해요.

차풀이 녹차를 만드는 풀이냐고 묻는 사람도 있어요. 설록차, 작설차, 세작, 중작, 대작… 이런 차는 차나무 잎으로 만들죠. 옛날에는 차나무가 흔치 않았고, 전라도나 경상남도처럼 따뜻한 지역에서 주로 자라다 보니,

차풀_ 8월 23일

차풀 꽃_ 8월 20일

차풀 열매_ 10월 26일

차풀과 잎이 비슷한 미모사, 자귀풀

미모사_ 8월 17일

미모사 열매_ 9월 30일

자귀풀_ 8월 7일

자귀풀 꽃과 열매_ 8월 7일

차풀 잎으로 만든 차_ 8월 28일

녹차를 마시기가 쉽지 않았어요. 차풀이 차 맛도 좋고, 몸에도 좋고, 구하기도 쉬우니 마음만 먹으면 차나무보다 구하기 쉬운 차 재료였어요.

차풀은 이름에 떡하니 '차'가 들어간 풀답게 차로 마시면 좋아요. 잎과 줄기를 덖어 뜨거운 물을 부으면 연한 풀빛이 사르르 번지는데, 물빛부터 예사롭지 않죠. 그 고운 찻물에 깃털같이 부드러운 풀빛 잎이 동동 떠 있으니, 마시지 않아도 몸과 마음이 촉촉해지는 듯해요. 차풀, 이름값 톡톡히 하는 풀이에요.

매듭풀 _계급장 놀이

콩과 | 한해살이풀
꽃 빛깔 : 흰빛 섞인 분홍빛
꽃 피는 때 : 7~9월
크기 : 10~30cm

매듭풀은 줄기 마디마다 고른 간격으로 잎이 나오는데, 그 줄기를 턱잎이 칼집 모양으로 감싸요. 이 모양이 마치 매듭을 지어놓은 듯해서 매듭풀이라는 이름이 붙었어요.

　매듭풀을 보면 '깔끔하다, 정리해놓은 것 같다'는 생각이 들어요. 잎이나 줄기가 들쭉날쭉하지 않고, 키도 고만고만하고, 작은잎이 세 장씩 달린 이파리가 유난히 가지런하거든요.

　모양이 깔끔하고 귀엽고 재미난 놀이도 할 수 있는 매듭풀 잎은 아이나 어른 모두 좋아해요. 매듭풀은 잎맥이 두드러지게 발달해서, 잎 양쪽 끝을 잡고 당기면 잎맥 따라 깔끔하게 떨어져요. 이때 한쪽은 삼각형으로 들어가고, 다른 한쪽은 세모꼴로 튀어나온 모양이 되죠. 이걸 이마에 붙이고 '너는 하사' '나는 중사' 이러면서 계급장 놀이를 해요. 뺨이나 팔, 손에 붙여 모양 꾸미기도 하고요. 종이에 붙여서 여러 가지 모양으로 꾸며도 재미있어요.

　바깥에서 이런 놀이를 하면 아이들이 좋아해요. 선생님과 학부모는 더 좋아하고요. 얼굴에 붙일 때는 잎 뒷면에 입김을 후후 불면 돼요. 잎맥 따라 뜯어낸 조각을 양손에 잡고, 내미는 손에 어떤 모양이 들었는지 알아맞히는 놀이를 해도 재미있어요. 자연물 놀이할 때는 꼭 필요한 만큼 뜯을 것, 잊지 않겠죠?

매듭풀_ 8월 15일

매듭풀 잎_ 7월 26일

둥근매듭풀 잎_ 6월 14일

둥근매듭풀_ 9월 1일

매듭풀 꾸미기_ 6월 15일

둥근매듭풀 무리_ 8월 15일

　매듭풀은 입술 모양 꽃이 앙증맞아요. 보일 듯 말 듯 작은 꽃이 잎겨드랑이에 피어 사랑스럽죠. 둥근매듭풀도 있어요. 매듭풀보다 잎끝이 훨씬 둥글고 살짝 오목하며, 잎에 털이 많아요.

　매듭풀과 둥근매듭풀이 풀밭에 무리 지어 자라면 정말 귀여워요. 아이들이 또래끼리 뛰어노는 것처럼요.

갈퀴나물 _갈퀴가 있는 덩굴

콩과 | 여러해살이풀
꽃 빛깔 : 자줏빛
꽃 피는 때 : 6~9월
크기 : 100~200cm 뻗는다.

잎끝이 2~3개로 갈라진 갈퀴 같은 덩굴손이 있고, 어린잎을 나물해 먹어서 갈퀴나물이에요. 잎 모양이 말의 목덜미에 난 갈기털 같아서 '갈키나물' '말너울풀' '말굴레풀'이라고도 해요. 갈퀴나물은 산자락 같은 데서 잘 자라요. 짙은 자줏빛 꽃이 풀숲에서 무리 지어 피죠.

갈퀴가 뭘까요? 갈퀴라 하면 동화《피터 팬》에 나오는 해적 선장의 갈퀴손을 떠올리는 사람이 많아요. 끝이 갈퀴를 닮아서 갈퀴손이라 하죠. 갈퀴는 검불이나 곡물 따위를 긁어모으는 데 쓰는 기구예요. 경상도에서는 까꾸리라고도 해요.

갈퀴나물에는 등갈퀴나물, 광릉갈퀴, 연리갈퀴 등이 있어요. 그래서 갈퀴나물 종류를 만나면 꽃과 잎을 찬찬히 보는 편이에요. 갈퀴나물을 보면 수북이 쌓인 솔잎을 갈퀴로 긁어모으던 생각이 나요. 불쏘시개로 쓰려고 산에 가서 솔가리를 많이 긁어 왔거든요. 갈퀴나물 잎을 보며 말 갈기털을 떠올려도 재미있어요. 갈퀴나물 잎 사진을 찍는데 벚꽃이 하르르 떨어졌어요. 떨어진 꽃잎도 많았고요. 말이 갈기털을 흩날리며 달려갈 때 꽃비가 흩날리는 상상도 했어요.

생각이 꼬리를 물다 보면 상상력이 풍부해져요. 문학은 말할 것도 없고, 수학이나 과학도 상상력이 없으면 문제를 해결하거나 어떤 결과를 비탕으로 새로운 걸 만들기 쉽지 않죠. 상상력은 문학작품이나 영화를 보면서도

갈퀴나물_ 7월 14일

갈퀴나물 싹_ 4월 14일

등갈퀴나물, 작은잎 8~12쌍_ 5월 30일

광릉갈퀴, 작은잎 3~7쌍_ 7월 27일

연리갈퀴, 작은잎 2~6쌍_ 4월 25일

키워지겠지만, 자연이 가장 큰 울림을 주고 상상력을 자극해요. 모든 학문과 예술이 자연에서 싹텄고, 자연에 닿아 있고 또한 그래야 하니까요.

꽃을 보고 이름을 불러주는 것도 좋지만, 자연 속에서 맑은 공기 마시며 꽃과 잎, 줄기를 보고, 온갖 모양을 보며 이런저런 생각을 하다 보면 상상 그릇이 커질 거예요.

얼치기완두 _나는 정말 얼치기일까?

콩과 | 두해살이풀
꽃 빛깔 : 연자줏빛
꽃 피는 때 : 4~6월
크기 : 30~60cm

얼치기완두는 고향이 유럽인 귀화식물이에요. 지금은 우리나라 남부 지방의 들이나 산자락, 풀밭 어디나 자라죠. 새완두와 살갈퀴의 중간형이라 얼치기완두예요. 얼치기는 이것도 저것도 아닌 중간치를 말하잖아요. 얼치기완두는 정말 얼치기일까요? 풀꽃지기가 보기에는 얼치기완두도 어여쁘고 특징이 있는 꽃이에요.

완두는 잘 알죠? 열매인 완두콩은 밥에 넣거나 반찬으로 먹어요. 얼치기완두는 작고, 열매가 완두콩처럼 생겨서 붙은 이름이에요. 물론 얼치기완두 열매도 완두콩처럼 먹을 수 있어요.

한겨울에 들이나 잔디밭 마른 풀 사이에서 고개를 쏙쏙 내민 얼치기완두 싹을 볼 수 있어요. 이 여린 싹이 당당하게 겨울을 나며 봄을 맞이할 준비를 하는 거예요. 겨울에 살아 있는 풀이 없는 줄 아는 사람이 많아요. 알고 보면 이른 봄에 피는 꽃은 대개 싹이 난 채 겨울을 나는데 말이죠.

언젠가 잔디밭에서 어린싹을 보는데 지나가던 이웃이 말을 걸었어요. 마른 잔디 사이에 돋아난 싹을 보라니까, 봄에 돋아날 싹이 뭐 하러 한겨울에 나왔냐며 안쓰러워하더군요. 이른 봄에 나는 싹도 있지만, 얼치기완두처럼 여름이나 가을에 난 싹이 겨울을 견디고 봄에 꽃을 피우는 풀이 많다고 말해줬어요.

작은 얼치기완두, 정말 장하죠?

얼치기완두_ 4월 15일

얼치기완두 싹_ 11월 6일

얼치기완두 열매_ 5월 8일

얼치기완두, 덩굴손이 갈라지지 않는다._ 5월 15일

새완두, 덩굴손이 여러 갈래_ 5월 15일

새완두 열매, 털이 많다._ 5월 15일

살갈퀴, 덩굴손이 여러 갈래_ 4월 22일

살갈퀴 꽃밖꿀샘_ 5월 12일

살갈퀴 잎_ 5월 1일

살갈퀴 열매_ 5월 6일

갯완두_ 5월 16일

갯완두 열매, 완두콩처럼 먹을 수 있다._ 6월 9일

완두, 밭에 심는다._ 4월 27일

완두 열매, 완두콩_ 5월 18일

얼치기완두, 새완두, 살갈퀴 견주기

구분	얼치기완두	새완두	살갈퀴
꽃 빛깔	연자줏빛	흰빛 도는 자줏빛	붉은 자줏빛
꽃차례	1~2송이	3~5송이	1~2송이
열매	털이 없고, 씨가 3~6개	잔털이 많고, 씨가 2개	털이 없고, 씨가 10개 정도
잎끝	덩굴손 갈라지지 않음	덩굴손 갈라짐	덩굴손 갈라짐
크기	30~60cm	50cm	60~150cm

얼치기완두보다 큰 살갈퀴도 있어요. 살갈퀴는 꽃턱잎에 까만 점 같은 꽃밖꿀샘(화외밀선)이 있고요. 개미는 살갈퀴 잎을 먹으려고 오는 곤충을 쫓아내죠. 꽃밖꿀샘의 꿀을 먹으려고요. 그래서 살갈퀴에는 개미가 많아요.

콩을 먹기 위해 심어 가꾸는 완두가 있어요. 바닷가에 절로 자라는 갯완두도 있고요. 이름에 '완두'가 붙으면 모두 먹을 수 있어요.

벌노랑이 _엉덩이 치켜든 벌

콩과 | 여러해살이풀

꽃 빛깔 : 노란빛
꽃 피는 때 : 5~9월
크기 : 15~30cm

부산 송정해수욕장에 여럿이 소풍을 갔어요. 솔숲으로 가는 길가에 벌노랑이가 예쁘게 피어 있더라고요. 함께 가던 사람들을 불렀죠.

"어머! 이것 좀 보고 가세요."

샛노란 꽃이 정말 귀엽다며 이름을 묻더군요.

"탁 트인 벌판에 피는 노란 꽃이라고 벌노랑이예요. 노란 꽃이 벌 모양을 닮아 벌노랑이라고도 하고요."

한 사람이 "벌노랑이, 벌노랑이, 벌노랑이…" 하더니 수첩을 꺼내 뭔가 한참 끄적거렸어요. 조금 뒤 수첩을 보여주는데, 엉덩이를 치켜든 벌 같은 꽃을 그렸지 뭐예요. 벌노랑이 꽃이 하얀 종이에 피어난 거죠. 풀꽃지기는 벌을 그리면 머리와 눈과 손이 따로 놀아서 파리가 되는데, 벌노랑이를 예쁘게 그린 솜씨가 부러웠어요.

벌노랑이는 '노랑돌콩'이라고도 해요. 콩과 식물이고 꼬투리가 둥글게 생겼거든요. 여러해살이풀이라 벌노랑이가 자라는 곳에는 늘 모닥모닥 피어서 예쁜 꽃밭을 이뤄요. 줄기 아래쪽에서 가지를 많이 내어 한 포기가 제법 크고 둥글게 자라죠. 꽃이 피지 않았을 때도 잎이 깔끔하고 예뻐요.

벌노랑이_ 5월 2일

벌노랑이, 꽃이 1~3송이 핀다._ 5월 14일

벌노랑이 잎_ 2월 4일

벌노랑이 열매_ 6월 15일

서양벌노랑이, 꽃이 3~7송이 핀다._ 6월 26일

비슷한 풀로 서양벌노랑이가 있어요. 벌노랑이는 꽃대 끝에 꽃이 1~3송
이 모여 피고, 서양벌노랑이는 3~7송이 모여 달려서 더 풍성해 보여요. 벌
노랑이 꽃이 필 때면 노란 벌이 되고 싶어요.

자운영 _자줏빛 꽃구름

콩과 | 두해살이풀
꽃 빛깔 : 흰빛 섞인 자줏빛
꽃 피는 때 : 4~5월
크기 : 10~25cm

차를 타고 가다가 자운영이 가득 핀 논을 봤어요. 차를 세우고 논두렁에 올라서니 발아래가 온통 자줏빛 꽃밭이더라고요. "야, 이름 한번 잘 지었네. 정말 꽃구름을 탄 기분이야!"

자줏빛 구름 같은 꽃, 자운영(紫雲英)은 주로 남쪽 지방에 많아요. 두해살이풀이다 보니 가을에 난 싹이 추운 겨울을 지나, 봄이 무르익으면 자줏빛 구름 같은 꽃을 몽실몽실 피워 논을 뒤덮어요. 이맘때 자운영이 핀 논을 갈아엎는 모습이 자주 보여요. 자운영이 논을 기름지게 하겠구나 싶으면서도, 한창 고운데 땅에 묻히니 안타까워요. 하지만 어쩌겠어요. 모내기를 앞둔 농부한테 자운영은 꽃이라기보다, 농사에 필요한 풋거름인걸요.

자운영은 고향이 중국이에요. 우리나라에는 먹이풀과 풋거름으로 쓰려고 들여왔죠. 한때 남부 지방 논에서 일부러 가꿨는데, 지금은 퍼져서 절로 자라요.

자운영은 뿌리에 혹처럼 생긴 뿌리혹박테리아가 있는 콩과 식물이에요. 콩과 식물이 그렇듯, 자운영도 공기 중에 있는 질소를 빨아들여 스스로 질소비료를 만들며 자라요. 이걸 질소고정이라 하는데, 자운영이 핀 논을 갈아엎으면 질소비료를 줄 필요가 없대요. 게다가 자운영은 벼 타작할 즈음 싹이 나서 자라다가 봄에 꽃이 핀 다음 갈아엎기 때문에, 벼가 자라는 데 전혀 걸림돌이 되지 않는다니 더없이 고마운 풀이죠.

자운영, 자라는 모습_ 4월 14일

자운영 꽃_ 4월 14일

지운영 잎_ 9월 23일

자운영 열매_ 4월 29일

자운영은 보기도 좋아서 관광 상품으로 개발하고, 벌을 치는 사람들은 자운영 꽃이 한창인 논에 벌통을 놓기도 해요. 어린잎은 봄나물로 먹고 약으로 쓴다니, 쓰임이 많아요.

언젠가 봄에 풀꽃 친구들하고 들꽃을 보러 갔어요. 집 지을 빈터에 노란 유채 꽃이 가득한데, 그 아래 자운영이 숨은 듯 피어 있지 않겠어요. 자운영을 보니 어릴 때 토끼풀로 풀꽃 시계를 만든 일이 생각났어요. "우리, 꽃시계랑 꽃반지 만들어볼까?" 하니 친구들이 무척 좋아하더군요.

꽃이 핀 자운영 두 개를 꽃자루째 모셨어요. 하나는 꽃자루에 손톱으로 구멍을 내고, 다른 하나는 그 구멍에 끼웠죠. 옆에 있는 친구 손목에 두르고 묶으니 금세 예쁜 꽃시계가 만들어졌어요. 친구들은 자기가 더 예쁜 꽃시계를 만들 거라며 꽃을 찾느라 바빴어요.

조금 뒤 친구끼리 자운영 꽃시계나 꽃반지를 선물하기로 했어요. 그런데 문제가 생겼어요. 풀꽃지기가 만든 꽃시계는 줄이 끊어지지 않는데, 친구들이 만든 꽃시계는 묶으면 줄이 쉽게 끊어지는 불량 시곗줄이었어요. 가만히 보니 풀꽃지기는 핀 지 조금 지난 꽃으로 만들었는데, 친구들은 갓 피어난 싱싱한 꽃으로 만든 거예요. 싱싱하고 갓 핀 꽃일수록 줄기에 물기가 많고 연해서 잘 끊어진다는 걸 친구들이 미처 몰랐죠. 풀꽃지기 말을 듣고 다시 꽃을 찾는 친구들 모습이 참 예뻐 보였어요.

토끼풀 _잔디보다 열 배는 예쁜데

콩과 | 여러해살이풀

꽃 빛깔 : 흰빛
꽃 피는 때 : 5~7월
크기 : 30~60cm

토끼가 잘 먹어서 토끼풀이에요. 동그란 꽃이 토끼 꼬리를 닮았다고도 하죠. 토끼풀은 소도 잘 먹어요. 토끼풀 고향은 북아메리카 등이지만, 어릴 때부터 봐서 낯설지 않아요. 토끼풀은 100여 년 전에 가축의 먹이풀로 들여왔다가, 절로 퍼져서 자라는 귀화식물이에요. 그 때문에 클로버라는 영어 이름으로 더 잘 알려졌어요. 하지만 토끼풀 하면 토끼가 떠오르고, 토끼가 잘 뜯어 먹을 것 같다는 생각이 들어서 정겨워요. 토끼풀로 꽃시계나 꽃반지를 만들어본 친구도 있을 거예요.

토끼풀은 아일랜드 나라꽃이에요. 잎자루 하나에 세 장 달린 잎이 삼위일체를 뜻한다고 중세에 성당 스테인드글라스 도안으로 쓰기도 했죠.

한번은 이런 일이 있었어요. 집 가까운 잔디밭에 토끼풀이 많아서 기분이 퍽 좋았어요. 토끼풀이 많으니 여기저기서 행운의 네 잎 토끼풀이 보이더군요. 뜯을까 말까 망설이다 그대로 뒀어요. 볼 때마다 기분이 좋고, 다른 사람들도 보면 좋아할 것 같았죠.

그곳을 지날 때마다 왠지 기분이 좋았어요. 두고 보는 기쁨이 커서요. 참, 토끼풀은 작은잎 세 장이 모인 잎이에요. 네 장짜리는 자주 밟히거나 약을 치는 등 여러 까닭으로 생장점에 변화가 생겨서 나타나요. 네 잎 토끼풀은 '행운', 세 잎 토끼풀은 '행복'을 뜻한대요. 가끔 행운이 찾아오는 것도 좋지만, 늘 행복하면 더 좋겠죠?

토끼풀 잎. 작은잎이 보통 3장이고 더러 4~6장도 있다._ 5월 4일

토끼풀 꽃_ 5월 15일

　어느 날 좀 우울해서 일부러 토끼풀을 보러 갔어요. 네 잎 토끼풀을 보면 언제 그랬나 싶게 기분이 좋아질 것 같았는데, 잔디밭 앞에서 화들짝 놀라고 말았어요. 네 잎 토끼풀은커녕 세 잎 토끼풀조차 남아 있지 않았어요. 야무지게 뿌리째 뽑고 흙을 다지듯 밟아둔 상태더라고요.

　아파트 안에 있는 공원 둘레가 모두 그랬어요. 눈을 동그랗게 뜨고 관리실에 가서 어찌 된 일인지 물어봤어요. 토끼풀이 잔디를 못 자라게 한다고, 시에서 나온 사람들이 모조리 뽑고 제초제를 뿌렸대요. 세상에! 토끼

토끼풀 시계 만들기_ 8월 29일　　　　토끼풀 왕관 만들기 1_ 6월 3일　　　　토끼풀 왕관 만들기 2_ 6월 3일

토끼풀 꽃으로 만든 반지, 시계, 왕관_ 6월 3일

붉은토끼풀_ 5월 28일

선토끼풀_ 5월 26일

노랑토끼풀_ 5월 8일

애기노랑토끼풀_ 5월 22일

풀이 잔디보다 예쁜데, 뽑는 것도 모자라 그 독한 제초제를 뿌리다니. 한 동안 그곳에서 토끼풀을 볼 수 없었는데, 몇 달 지나니 토끼풀이 여기저기서 돋아났어요. 다 뽑히지 않은 뿌리가 살아남았나 봐요. 토끼풀에는 붉은 토끼풀, 선토끼풀, 노랑토끼풀, 애기노랑토끼풀도 있어요.

괭이밥 _고양이 밥이라고요?

괭이밥과 | 여러해살이풀
꽃 빛깔 : 노란빛
꽃 피는 때 : 4~9월
크기 : 10~25cm

괭이밥은 '고양이 밥'이라는 뜻이에요. 괭이가 고양이의 준말이거든요. 시골 할머니 할아버지들은 고양이를 고내이, 괴니라고도 해요. 고양이가 정말 괭이밥을 먹을까요? 아니에요. 야생 고양이는 본디 작은 새나 쥐, 다람쥐, 곤충 등을 먹어요. 집고양이는 사람이 만든 사료를 먹죠. 동물은 자가 치유 능력이 있는데, 고양이는 소화가 잘 안 되거나 아플 때 괭이밥을 뜯어 먹고 낫는대요. 그래서 이 풀을 괭이밥이라고 해요.

풀꽃지기가 시골에서 부산으로 전학했을 때예요. 버스를 타고 학교에 다녔는데, 찻길에 가면 석유 냄새 때문에 메스껍고, 버스를 타면 멀미가 나서 울렁거렸어요. 학교에 가자마자 울타리 밑에서 괭이밥을 뜯어 먹으면 속이 한결 나아지더라고요. 시골에서 새콤한 괭이밥 잎을 먹어봐서 절로 손이 갔죠.

괭이밥 잎은 봉선화 꽃물 들일 때 식초나 백반 대신 쓰기도 해요. 괭이밥 잎을 봉선화 꽃잎과 함께 찧어 손톱에 올리고 봉선화 잎으로 감아두면 꽃물이 곱게 들었죠. 괭이밥 잎에 있는 수산이라는 성분이 매염제 역할을 하거든요. 괭이밥 잎으로 녹이 슨 동전을 닦으면 반들반들해져요.

한번은 괭이밥이 화분에 돋았어요. 예뻐서 그냥 두니까, 떡하니 자리 잡고 자라서 보는 재미가 있더라고요. 가끔 비빔밥에 몇 잎 넣어 먹었죠. 그러다 씨가 절로 튀어서 창무이며 베란다에 파리똥처럼 붙었지 뭐예요. 괭

괭이밥_ 5월 21일

괭이밥 열매_ 6월 5일

괭이밥 잎으로 동전 닦기_ 6월 25일

괭이밥 꽃을 넣고 얼음 만들기_ 4월 21일

괭이밥 잎을 넣어 봉선화 꽃물 들이기_ 9월 18일

자주괭이밥, 꽃밥이 희다._ 5월 19일

덩이괭이밥, 꽃밥이 노랗다._ 5월 19일

선괭이밥, 줄기가 선다._ 5월 18일

덩이괭이밥 잎_ 11월 14일

애기괭이밥_ 4월 17일

큰괭이밥_ 3월 27일

이밥 씨에는 빨래판 같은 돌기가 있어서 여기저기 잘 붙거든요. 흙이 있는 곳 어디든 가 닿으면 박혀서 싹을 틔우죠. 작은 씨앗이 저 살 궁리를 하는 게 놀라워요. 괭이밥 열매가 익으면 손으로 톡 쳐도 씨가 튕겨 나가요.

　자주괭이밥과 덩이괭이밥은 원예종으로 들여와 심어 가꾸다 야생에 퍼져서 자라요. 둘은 비슷한데 꽃밥이 흰색이면 자주괭이밥, 꽃밥이 노란색이면 덩이괭이밥이에요. 둘 다 흰 꽃이 피는 것도 있고, 덩이괭이밥은 땅속에 덩이줄기가 있어요. 괭이밥과 비슷한 곳에서 자라고 줄기가 서는 선괭이밥, 깊은 산에 자라는 애기괭이밥과 큰괭이밥도 있어요.

이질풀 _쥐 앞발은 어떻게 생겼을까?

쥐손이풀과 | 여러해살이풀
꽃 빛깔 : 진분홍빛
꽃 피는 때 : 7~9월
크기 : 15~50cm

이질에 좋은 약이 된다고 이질풀이라 해요. 이질은 배가 아프고 구역질이 나며, 똥에 피가 섞인 점액이 나오고 설사가 잦은 법정 전염병이에요. 옛날 에는 병원이 몇 군데 없고 있어도 너무 멀어서, 이질에 걸리면 이질풀 삶은 물이나 그 물로 끓인 죽을 먹었대요. 병아리나 닭이 설사가 잦고 뒤가 지 저분하면 잘게 썬 이질풀을 모이에 섞어주기도 했어요.

　이질풀은 쥐손이풀과에 들어요. 잎이 쥐의 손(앞발)을 닮았다고 '쥐손이 풀' '서장초'라고도 하죠. 하지만 쥐손이풀이 따로 있으니, 헷갈리지 않게 그냥 이질풀이라고 해요. 오리 발 모양을 닮아 '압각초'라고도 해요. 이질 풀은 대개 7~9월에 줄기 끝에 귀여운 꽃이 피어요.

　가을이면 해가 짧아지고 아침저녁으로 선선하죠? 풀도 우리처럼 해가 짧아진 걸 느껴요. 풀도, 사람도 자연에서 살아가는 생명이니까요. 이질풀 도 나름대로 다음 계절을 준비해요. 열매를 맺어 자손을 퍼뜨리는 게 가장 큰 일이니, 씨앗을 멀리멀리, 여기저기 퍼뜨리려고 전략을 써요.

　이질풀 열매는 촛대에 초를 꽂아놓은 듯 멋스럽게 생겼어요. 이질풀 열 매를 볼 때마다 놀라움과 반가움이 커요. 어쩌면 이렇게 귀엽고 신비스러 운 모양으로 열매를 맺을까 싶어서요. 촛대 같은 열매가 익으면 아래쪽이 다섯 갈래로 벌어져 바깥으로 말려 올라가는데, 이때 씨앗을 튕겨요. 그 모양이 샹들리에와 닮았지 뭐예요.

이질풀_ 8월 28일

이질풀 뿌리잎_ 4월 6일

이질풀 열매_ 10월 22일

선이질풀_ 7월 24일

선이질풀 잎_ 5월 5일

둥근이질풀_ 8월 24일

둥근이질풀 잎_ 8월 24일

미국쥐손이, 꽃이 작고 연하다._ 6월 1일

미국쥐손이 뿌리잎_ 11월 1일

꽃쥐손이, 털쥐손이라고도 한다._ 6월 11일

꽃쥐손이 잎_ 6월 11일

꽃쥐손이 열매_ 7월 20일

쥐손이풀과에 이질풀과 비슷한 꽃이 많아요. 이질풀, 미국쥐손이, 꽃쥐
손이, 선이질풀, 둥근이질풀 등은 이파리가 모두 닮았어요.

여우구슬 · 여우주머니 _여우가 숨긴 구슬

여우구슬

대극과 | 한해살이풀
꽃 빛깔 : 붉은빛 띤 갈색
꽃 피는 때 : 7~8월
크기 : 15~40cm

여우주머니

대극과 | 한해살이풀
꽃 빛깔 : 노란빛 띤 풀빛
꽃 피는 때 : 7~8월
크기 : 15~40cm

식물 이름에 '여우'가 들어가다니 재미있어요. 옛날이야기에 나오는 여우는 사람으로 둔갑해 사람을 꾀기도 하죠? 여우가 식물 이름에 붙은 까닭이 있을 거예요. 먼저 여우구슬이 나오는 이야기 하나 들려줄게요.

옛날에 집터나 묏자리를 잡아주는 이름난 지관(풍수)이 있었어요. 이 사람이 어릴 때 서당에 가는데, 예쁜 처녀가 나타나 입맞춤을 했어요. 처녀는 날마다 입맞춤하면서 아이 입에 구슬을 넣었다가 자기 입으로 가져갔어요. 그 뒤 아이는 점점 야위었어요. 이상하게 여긴 훈장이 까닭을 물었죠. 아이는 그동안 벌어진 일을 털어났어요. 훈장은 여우가 처녀로 둔갑한 거라 여기고, 아이한테 방법을 일러줬어요.

이튿날 아이가 서당에 가는데, 처녀가 다시 나타나 입맞춤을 했어요. 아이는 훈장이 알려준 대로 처녀가 입에 넣어준 구슬을 받아 삼키고 부리나케 도망쳤어요. 놀란 처녀가 구슬을 내놓으라며 쫓아오다가 나무뿌리에 걸려 넘어졌고, 늙은 여우로 변해 슬피 울다가 어디론가 사라졌어요.

한편 허겁지겁 서당에 온 아이를 보고 훈장은 여우가 넘어질 때 어디를 가장 먼저 보더냐고 물었어요. 아이는 땅을 먼저 봤다고 했어요. 그러자 훈장은 탄식하며 안타까워했어요.

"아깝다! 여우가 넘어질 때 하늘을 먼저 봤으면 네가 천문에 능할 텐데, 땅을 봤으니 지관에 머물겠구나!"

여우구슬, 잎이 타원형이다._ 8월 22일

여우구슬, 열매자루가 짧고 열매 겉에 돌기가 많다._ 9월 29일

여우주머니, 잎이 갸름하다._ 8월 29일

어우주머니, 열매자루가 있다._ 10월 26일

이 작고 귀여운 풀에 왜 여우구슬이라는 이름이 붙었을까요? 이파리 아래쪽에 앙증맞게 달린 열매가 이야기 속에 나오는 여우 구슬 같다고 여우구슬이 됐어요. 왠지 여우구슬 이파리도 여우 꼬리를 닮은 듯해요. 여우구슬 잎이 여우 꼬리로 보인 순간, 여우가 그 많은 꼬리마다 구슬을 숨기지 않았을까 싶었어요. 여우구슬 열매는 숨긴 듯 잎사귀 아래쪽에 매달렸거든요.

여우주머니는 왜 이런 이름이 붙었을까요? 여러분이 상상해서 들려주면 좋겠어요. 여우구슬은 열매자루가 거의 없고, 잎끝이 둥글어요. 여우주머니는 열매자루가 0.1~0.4cm 있고, 잎이 여우구슬보다 갸름해요.

애기땅빈대 _빈대 찾아온 개미

대극과 | 한해살이풀
꽃 빛깔 : 연붉은빛
꽃 피는 때 : 5~10월
크기 : 10~25cm

애기땅빈대는 들에서 잘 자라는데, 도시의 보도블록 틈에도 자주 보여요. 애기땅빈대를 보면 이름에 왜 '땅'이 붙었는지 짐작이 가요. 땅 위를 기듯이 자라거든요. 작은잎이 빈대 같아서 애기땅빈대라고 해요.

아주 작고 납작한 빈대는 밤이 되면 나와서 사람이나 짐승의 피를 빨아요. 초가집이 대부분이던 옛날에는 빈대가 무척 많았어요. 시멘트로 지은 요즘 집에는 거의 없죠. 오래된 책 틈에서 가끔 빈대가 나오기도 해요. 빈대한테 물리면 얼마나 가려운지 몰라요. 빈대는 한 번에 자기 몸의 몇 배나 되는 피를 빨아, 먹으면서도 오줌을 눈대요. 이 때문에 빈대가 있으면 퀴퀴한 냄새가 나요.

빈대에 얽힌 속담 한번 들어볼래요? '빈대는 하루 저녁에 고손자까지 본다' '빈대 잡으려고 초가삼간 다 태운다' '초가삼간 다 타도 빈대 죽은 것만 시원하다'…. 빈대의 특징이 잘 나타나죠. 남한테 붙어사는 염치없는 사람을 빈대 같은 사람이라고 비유하기도 해요. 빈대가 그만큼 사람을 귀찮게 한다는 말이에요.

애기땅빈대는 어린 친구들이 재미있어하는 풀이에요. 줄기나 잎을 뜯으면 나오는 흰 진액으로 소꿉놀이할 때 아기한테 젖을 준다며 엄마 노릇을 했죠. 매니큐어 대신 손톱에 바르고 어른 흉내도 내고요. 애기땅빈대 진액을 손톱에 바르면 투명한 매니큐어를 바른 것처럼 반들거렸거든요.

애기땅빈대, 잎에 짙은 얼룩점이 있다._ 9월 19일

애기땅빈대, 열매에 털이 있다._ 6월 21일

땅빈대, 열매에 털이 없다._ 5월 30일

큰땅빈대, 전체가 크다._ 8월 13일

큰땅빈대, 열매에 털이 없다._ 9월 2일

열매 한번 보세요. 털이 있고 통통하면서 발그레한 게 바로 열매예요. 빈대가 붙어 있는 것 같나요?

땅빈대와 큰땅빈대도 있어요. 애기땅빈대는 잎에 붉은 밤색 얼룩점이 있어서 '애기점박이풀'이라고도 해요. 땅빈대는 잎에 얼룩점이 없고, 큰땅빈대는 애기땅빈대와 땅빈대보다 전체적으로 크고 비스듬히 서요.

땅빈대와 애기땅빈대는 왜 땅바닥에 기듯이 자랄까요? 땅에 붙어 자라면 햇빛을 잘 받을 수 있기 때문이에요. 개미가 올라와서 꽃가루를 날라주므로 꽃가루받이하기도 좋고요. 땅빈대는 다른 식물의 생장을 방해해 가까이 오는 것을 막는 타감작용을 하니, 척박한 땅에서도 잘 자랄 수 있어요. 땅빈대와 애기땅빈대는 땅바닥을 비단처럼 곱게 덮어 '비단풀'이라고도 하죠.

애기땅빈대는 컵 모양 모인꽃싸개(총포)에 암꽃과 수꽃이 사이좋게 들었어요. 꽃이라고 해야 암술 하나, 수술 하나가 전부예요. 개미가 땅에 붙은 줄기를 타고 다니며 꿀을 먹고 꽃가루를 나르니, 꽃잎이나 꽃받침이 필요 없거든요. 냄새를 맡아 먹이를 찾는 개미와 더불어 살아가는 애기땅빈대, 볼수록 귀여워요.

물봉선 _물봉선도 꽃물이 들까?

봉선화과 | 한해살이풀

꽃 빛깔 : 자줏빛
꽃 피는 때 : 7월 말~9월
크기 : 40~70cm

봄에 봐둔 물봉선 싹이 생각나 산골짜기로 갔어요. 예상대로 물봉선이 예쁘게 피었어요. 물봉선 앞에 쪼그리고 앉아 온갖 상상을 해봤어요. '물봉선은 특별한 동물이 입을 쩍 벌리고 있는 것 같아! 기다란 꿀주머니가 안쪽으로 또르르 말려 있네. 빛깔도, 모양도 저렇게 신비스러우니 봉황 같은 꽃이라 했겠지.'

봉선화는 꽃이 신선이 타고 다니는 봉황 같아서 붙은 이름이에요. '신선이 사는 나라의 봉황 같은 꽃'으로 풀이하면 돼요. 봉선화는 인도와 말레이시아, 중국 등이 고향이에요. '봉숭아'라고도 해요. 손톱에 꽃물을 들이는 꽃이에요. 물봉선은 물을 좋아하는 봉선화인 셈이죠. 주로 산이나 들의 골짜기나 축축한 곳에서 자라요. '야봉선' '물봉숭아'라고도 해요.

언젠가 '물봉선도 꽃물이 들까?' 궁금했어요. 물봉선 꽃과 잎을 조금 모셔서 괭이밥 잎을 넣고 콩콩 찧어, 발톱에 싸매고 잤어요. 손톱에는 벌써 봉선화 꽃물을 곱게 들였거든요. 이튿날 일어나자마자 비닐부터 풀었는데, 꽃물이 하나도 들지 않았어요. 좀 특별한 꽃물이 들기를 바랐기에 섭섭하기도 하고, 궁금한 것을 알아내 속이 시원하기도 했어요.

오래전에 친구들, 어머니들과 함께 들꽃을 보러 갔어요. 물봉선 씨가 익어가기에 만져보라고 했는데, 한 어머니가 벌러덩 자빠지면서 소리를 지르더군요. 뱀이라도 봤나 싶어 뛰어가니, 갑자기 물봉선 씨가 터져서 놀랐다

물봉선_ 9월 14일

물봉선 싹_ 3월 29일

물봉선 잎_ 7월 3일

물봉선 열매_ 9월 8일

물봉선 터진 열매_ 10월 11일

흰물봉선_ 9월 22일

노랑물봉선_ 9월 7일

노랑물봉선 잎_ 6월 30일

처진물봉선, 꿀주머니가 처진다._ 9월 30일

처진물봉선 잎_ 9월 1일

봉선화, 꽃 빛깔이 여러 가지다. _ 10월 25일

꽃과 잎을 찧어서 올린다. _ 8월 31일

잎으로 감싼다. _ 8월 31일

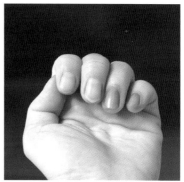

봉선화 꽃물 _ 8월 31일

는 거예요. 신기한지 다시 일어나 물봉선 열매를 만져보다가 이번에도 깜짝 놀라더군요. 그 모습이 얼마나 재미있던지…. 물봉선 꽃말은 봉선화처럼 '나를 건드리지 마세요'예요. 만지면 톡 터지는 열매 때문에 생긴 꽃말이죠. 흰물봉선, 노랑물봉선, 처진물봉선도 있어요.

제비꽃 _팬지도 제비꽃

제비꽃과 | 여러해살이풀

꽃 빛깔 : 보랏빛
꽃 피는 때 : 3~6월
크기 : 5~20cm

제비꽃은 시골은 물론이고 도시에서도 볼 수 있어요. 심어 가꿔 봄 동산을 꾸미는 삼색제비꽃은 제비꽃 종류를 개량한 꽃으로, 흔히 '팬지'라고 하죠. 우리나라에 있는 제비꽃 종류는 제비꽃, 남산제비꽃, 콩제비꽃, 졸방제비꽃, 고깔제비꽃, 노랑제비꽃 등 아주 많아요.

이 가운데 제비꽃은 보랏빛이에요. 제비꽃 종류는 꽃 빛깔이나 잎 모양이 조금씩 달라요. 흰색과 노란색, 자주색 꽃도 있거든요. 원예용으로 개량한 삼색제비꽃이 꽃 빛깔이 가지가지인 것처럼요.

제비꽃은 강남 간 제비가 오는 철에 피어서 붙은 이름이에요. 제비꽃을 어긋나게 걸어서 잡아당기면 약한 꽃이 먼저 떨어지는데, 이것을 '꽃 씨름'이라 했대요. 놀잇감이 없던 시절에는 이렇게 놀았나 봐요. 제비꽃을 '씨름꽃' '장수꽃'이라고 하는 것도 이 때문이에요. 제비꽃이 필 무렵에 오랑캐가 양식을 훔치려고 자주 쳐들어와서 '오랑캐꽃'이라고도 해요. 제비꽃에 꿀이 든 길쭉한 부분을 '거'라고 하는데, 이게 오랑캐의 머리 모양을 닮아서 오랑캐꽃이라고도 하고요. 이른 봄에 갓 깨어난 병아리처럼 귀엽다고 '병아리꽃', 땅에 앉은 듯 키가 작다고 '앉은뱅이꽃'이라고도 하죠.

한번은 어떤 사람이 작품에 "제비꽃, 오랑캐꽃, 앉은뱅이꽃이 나란히 피어 있다"고 쓴 걸 봤어요. 세 꽃 모두 제비꽃이라고 살짝 말해주니, 여태 그것도 모르고 살았다면서 한참이나 충격에서 벗어나지 못하더군요.

제비꽃_ 4월 18일

제비꽃 종류 열매. 3갈래로 갈라진다._ 5월 11일

고깔제비꽃 씨, 엘라이오솜이 붙어 있다._ 11월 13일

제비꽃 씨앗 악기_ 8월 27일

제비꽃 꽃전_ 3월 30일

제비꽃 씨에는 개미가 좋아하는 엘라이오솜이 붙어 있어요. 개미가 제비꽃 씨를 물고 가서 엘라이오솜은 먹고, 씨는 내다 버려요. 개미가 사는 작은 틈에서 제비꽃이 자주 보이는 것도 이 때문이에요.

그리스 나라꽃은 향이 좋은 제비꽃 종류예요. 제우스가 아름다운 소녀 이아를 사랑했어요. 아내 헤라는 질투가 나서 이아를 소로 만들었죠. 그 뒤 헤라는 이아가 불쌍했는지 먹을 풀을 만들었는데, 그 풀이 제비꽃 종류인 향제비꽃이래요.

제비꽃 열매는 익으면 껍질이 세 갈래로 갈라지고, 껍질이 마르면서 생

삼색제비꽃 농장_ 5월 12일

삼색제비꽃 꽃음료_ 6월 7일

삼색제비꽃, 팬지라고도 한다._ 4월 19일

긴 압력 때문에 씨가 멀리 튕겨 나가요. 작은 요구르트 병에 열매를 넣어 두면 수분이 마르면서 토독 토도독 씨가 튕겨 나가는 소리를 들을 수 있어요. 소리가 난 뒤에는 씨앗에 붙은 엘라이오솜이 보이기도 해요. 그러고 나서 빈터에 뿌리면 개미가 올 수도 있어요. "여기 맛있는 제비꽃 씨가 있다!" 이러면서요.

삼색제비꽃은 생으로 먹을 수 있어요. 꽃으로 음료나 음식을 만들어도 좋고요.

삼색제비꽃 꽃카나페_ 5월 12일

꽃음료 만들기

1. 꽃 300g, 레몬 3개, 설탕 250g, 물 1.5~1.8ℓ를 준비한다.
2. 레몬 2개를 잘라서 물과 설탕을 넣고 끓인다. 이때 계속 저어야 시럽이 되지 않는다. 물이 끓으면 불을 끈다.
3. ②에 레몬 1개를 잘라 꽃과 함께 넣고 잘 저어준다.
4. ③이 식으면 통째로 냉장고에 5일 정도 넣어둔다.
5. 숙성되면 건더기를 건지고, 얼음이나 물을 넣어 마신다.
6. 일주일 안에 먹을 것은 냉장, 오래 두고 마실 것은 냉동 보관한다.
7. 꽃음료는 아이스크림이나 슬러시 형태로 먹어도 좋다.

삼색제비꽃 꽃빵 · 꽃카나페 만들기

빵이나 크래커에 생으로 먹는 꽃과 잎, 삶은 달걀, 치즈, 토마토, 잼 등을 입맛에 맞게 올려서 먹는다.

고깔제비꽃, 어린잎이 고깔 모양이다._ 4월 10일

낚시제비꽃, 원줄기가 있다._ 4월 7일

남산제비꽃, 잎이 잘게 갈라진다._ 4월 10일

노랑제비꽃_ 4월 11일

둥근털제비꽃, 잎이 심장 모양이고 털이 많다._ 4월 28일

민둥뫼제비꽃, 잎에 털이 거의 없다._ 3월 28일

알록제비꽃, 잎에 얼룩무늬가 있다._ 5월 8일

왜제비꽃, '작은 제비꽃'이라는 뜻이다._ 3월 30일

졸방제비꽃, 원줄기가 있다._ 4월 25일

콩제비꽃, 잎이 콩팥 모양이다._ 4월 26일

종지나물(미국제비꽃), 잎이 종지 모양이다._ 4월 18일

흰젖제비꽃, 잎 아래가 귓불처럼 늘어진다._ 4월 12일

달맞이꽃 _밤에 피는 꽃

바늘꽃과 | 두해살이풀

꽃 빛깔 : 노란빛
꽃 피는 때 : 7~9월
크기 : 50~100cm

밤에 피어 달을 맞이하는 꽃이라고 달맞이꽃이에요. 그러니 낮에는 활짝
핀 꽃을 보기 어려워요. 저녁에 피고, 아침에 불그레해지며 시들죠.

　달맞이꽃은 길가나 빈터에 잘 자라고, 고속도로 옆에서도 볼 수 있어요.
고속도로는 그늘이 없고, 차가 열기를 뿜고 지나가고, 아스팔트가 달아올
라 무척 더워요. 여름 한낮에는 50℃가 넘는대요. 달맞이꽃도 이런 곳에서
여름 한낮에 꽃을 피울 엄두가 나지 않나 봐요. 달맞이꽃은 꽃잎이 뜨거운
여름 볕을 견디지 못할 만큼 여리거든요.

　밤에 피는 달맞이꽃은 꽃가루받이를 어떻게 할까요? 달맞이꽃 꽃가루
는 야행성 곤충이 옮겨줘요. 깜깜한 밤에 곤충이 꽃을 어떻게 찾는지 신기
하죠? 곤충 눈은 사람과 달라서 푸른빛을 띠는 자외선을 봐요. 낮에 식
물에 내리쬔 자외선이 되비쳐 밤에 먹이를 찾아다니는 곤충 친구들 눈에
보이는 거죠. 달맞이꽃 꽃가루는 점액으로 엉겨 있어요. 곤충이 왔을 때,
꽃가루가 더 잘 붙으라고 해둔 장치예요.

　가루받이한 꽃은 대개 이틀 만에 씨방 위에 떨켜가 생겨요. 꽃이 통째로
떨어지면 멀쑥한 줄기에 참깨를 닮은 열매가 다닥다닥 달리죠. 열매가 익
으면 속에 든 씨로 기름을 짜서 약으로 쓰거나 비누를 만들어요.

　달맞이꽃 전설 한번 들어볼래요? 옛날 어느 인디언 마을에 로즈라는 처
녀가 살았어요. 로즈는 인디언 추장 아들과 사랑에 빠졌죠. 마을에는 1년

달맞이꽃, 암술과 수술 길이가 비슷하다._ 8월 6일

달맞이꽃 뿌리잎_ 11월 1일

달맞이꽃 씨_ 10월 17일

달맞이꽃 열매_ 9월 3일

큰달맞이꽃, 꽃이 달맞이꽃보다 크다._ 7월 2일

큰달맞이꽃, 암술이 수술보다 길다._ 7월 2일

애기달맞이꽃_ 5월 30일

애기달맞이꽃 잎_ 2월 9일

분홍낮달맞이꽃, 지름이 3~5cm_ 5월 19일

분홍낮달맞이꽃 잎_ 4월 22일

달맞이꽃 씨를 먹는 붉은머리오목눈이_ 1월 18일

에 한 번씩 신분이 높은 남자부터 처녀를 골라 결혼하는 풍습이 있었어요. 바로 그날, 추장 아들이 다른 여자를 고르고 말았어요. 다른 남자가 로즈를 선택했고요. 로즈는 그 남자 손을 뿌리치고 달아났어요. 그러자 법을 어겼다고 추장이 로즈를 동굴에 가뒀어요.

로즈는 동굴 틈으로 비치는 달을 보며 추장 아들을 기다리고 또 기다렸어요. 그렇게 1년이 흐르고, 추장 아들도 로즈가 생각나 밤에 몰래 동굴로 갔어요. 안타깝게도 로즈는 죽은 지 오래고, 동굴 밖에는 노란 꽃이 달을 바라보며 피어 있었어요.

키가 150cm 정도 되는 큰달맞이꽃은 꽃이 더 크고, 암술이 수술보다 길어 꽃 밖으로 나와요. 큰달맞이꽃은 가지가 많이 갈라지는 편이에요. 잎 모양이 다르고 키가 40cm 정도로 작은 애기달맞이꽃, 원예종으로 들여왔고 분홍 꽃이 피는 분홍낮달맞이꽃도 있어요.

노루발 _노루 발이 뭐 이래?

노루발과 | 늘푸른여러해살이풀

꽃 빛깔 : 연노란빛 띤 흰빛
꽃 피는 때 : 6~7월
크기 : 10~20cm

사람들은 소나무, 향나무, 사철나무 같은 늘푸른나무를 잘 알아요. 그런데 늘 푸른 풀이 있다는 건 모르는 사람이 많아요. 맥문동, 보춘화, 노루발 같은 풀이 싱싱하게 겨울을 나는네 말이죠.

노루발은 잎이 노루 발자국을 닮아서 이런 이름이 붙었어요. 겨울에도 잎이 푸르러서 '동록'이라고도 해요. 육지 산에서는 노루를 보기 힘들어요. 그러니 노루 발자국을 보기는 더 쉽지 않죠. 대신 고라니는 가끔 눈에 띄어요. 노루발 잎을 볼 때마다 진짜 노루가 보고 싶었어요. '이파리 어디가 노루 발을 닮았지?'

오래전 어느 개흙에 뚜렷이 찍힌 짐승 발자국을 봤어요. 발자국에 관심이 많은 친구가 누구 발자국인지 알아보려고 야생동물 발자국이 그려진 손수건을 펼쳤어요. 하나하나 견주니 발자국 주인은 고양이였어요. 그때 손수건에 그려진 노루 발자국이 눈에 들어왔어요. 노루 발자국은 선명한 심장 모양이더라고요.

그때까지 개, 소, 돼지, 고양이 발자국만 보고 노루 발자국도 비슷하려니 생각했는데 딴판이었어요. 그러니 노루발 잎을 보면서 노루 발자국을 전혀 떠올리지 못했죠. 노루 발자국은 둥그스름하고, 앞쪽이 심장처럼 조금 들어갔어요.

노루발 종류에는 잎이 크고 둥그스름한 노루발, 작고 갸름한 잎에 꽃이

노루발_ 6월 4일

노루발 잎, 둥글고 크다._ 11월 12일

노루발 꽃_ 6월 4일

매화노루발_ 6월 5일

홀꽃노루발풀_ 6월 29일

새끼노루발_ 6월 29일

콩팥노루발, 잎이 콩팥 모양_ 6월 29일

분홍노루발_ 6월 29일

매화를 닮은 매화노루발, 잎이 콩팥 모양인 콩팥노루발, 분홍 꽃이 피는
분홍노루발, 꽃대 하나에 꽃이 하나 피는 홀꽃노루발 등이 있어요. 콩팥노
루발 잎이 노루 발자국을 가장 많이 닮았어요.

앵초 _일찍 피는 꽃

앵초과 | 여러해살이풀
꽃 빛깔 : 붉은 분홍빛
꽃 피는 때 : 3월 말~5월
크기 : 15~30cm

"세상에, 솜털이 이렇게 많았네." 앵초 이파리와 줄기를 보며 새삼 놀랐어요. 가까이서 찍은 사진을 보니 생각보다 털이 많더라고요.

앵초는 우리나라 산에서 저절로 자라는데, 요즘은 뜰에 가꾸거나 화분에 심은 것도 자주 눈에 띄어요. 화분에 심어 파는 걸 보고 우리 꽃이 아닌 줄 아는 사람도 있어요.

앵초는 주름진 넓은 잎 사이에서 쭉 뽑아 올린 꽃대에 앙증맞은 꽃이 피어요. 서양 이름 프리뮬러는 라틴어로 '최초'라는 뜻인데, 유럽에서는 일찍 피는 꽃이라는 뜻으로 그렇게 부르죠. 우리나라에서는 앵초가 가장 먼저 피는 꽃이 아니에요. 앵초는 꽃샘추위가 물러가고 봄이 무르익을 때 피기 시작하니까요.

화분에 핀 것도 예쁘지만, 산기슭에 핀 앵초를 보면 감탄사가 절로 나와요. 옆에 있는 나무와 바위, 하늘과 잘 어울리거든요. 마른 나뭇가지나 지푸라기, 가랑잎을 배경 삼아 피니 더 돋보이죠.

산에 지천으로 핀 풀꽃을 보면 나도 모르게 무릎이 꿇어져요. 그 많은 꽃이 약속이나 한 듯 철 따라 피고 지는 게 기적 같아서요. 종교는 없지만, 가끔 이런 생각이 들어요. '정말 꽃을 피우는 신이나 정령이 있는 게 아닐까? 그렇지 않고야 어떻게 해마다 이 많은 꽃이 약속이나 한 듯 저 좋아하는 자리에서 저만의 빛깔과 향기로 피어날까?' 이런 생각이 드는 건, 그만

앵초_ 4월 6일

앵초 어린잎_ 4월 1일

앵초 열매_ 4월 28일

설앵초_ 4월 12일

설앵초 잎과 꽃봉오리_ 4월 23일

큰앵초, 앵초보다 전체가 크다._ 6월 6일

큰앵초 잎_ 4월 24일

큼 자연의 아름다움에 감동한다는 말이기도 하죠. 앵초 DNA에 이런 유전 형질이 들었다는 걸 알지만, 배워서 아는 지식과 몸과 마음이 떨리면서 느끼는 감동은 사뭇 다르니까요.

특히 설앵초처럼 높은 산 바위틈에 뿌리를 내리고도 너무나 곱게 피는 꽃을 보면 대견하다 못해 존경스러워요. 이 대단한 생명을 가득 품은 지구는 알면 알수록 수수께끼 같아요. 지구에서 한 생명체로 태어나 산다는 게 무척 감사한 날이에요.

박주가리 _박 바가지 닮았어요

박주가리과 | 여러해살이풀
꽃 빛깔 : 흰빛 띤 자줏빛, 흰빛
꽃 피는 때 : 7~8월
크기 : 200~300cm 뻗는다.

봄에 풀꽃 동무랑 꽃을 보러 갔어요. 박주가리 싹이 올라오는 것을 보고 동무가 신기한 듯 물었어요.

"여기 이 통통한 줄기는 처음 보는데, 무슨 풀이죠?"

"처음 보는 풀 아닌데… 낯익을 테니 찬찬히 보세요."

동무는 들여다보고 만지고 냄새까지 맡더니, 잎 하나를 뜯어보더군요. 그리고 무슨 발견이라도 한 듯 "아, 이거! 박주가리 맞죠?"라며 잎자루에 묻은 진액을 가리켰어요.

박주가리는 잎이나 줄기를 뜯으면 하얀 진액이 나와요. 이것을 손에 난 사마귀에 자주 바르면 저절로 없어진다고 경상도에서는 '사마귀'라고도 불렀어요. 어릴 때 손등에 사마귀가 났는데, 박주가리 진액을 몇 번 발랐어요. 그 때문인지 몰라도 나중에 정말 사마귀가 없어지긴 했어요.

박주가리는 밭둑이나 풀밭, 산길에서 잘 자라요. 싹은 고사리처럼 통통하게 올라오죠. 꽃만 보던 사람은 이게 박주가리인지 모르기도 해요. 하지만 찬찬히 보면 어딘지 모르게 컸을 때 모습이 있어요. 그렇게 올라온 박주가리는 여름이면 올망졸망 꽃을 피워요. 그 모습이 쪼끄만 불가사리가 모여 있는 듯 보여요. 꽃 안쪽에 난 빽빽한 털도 어찌나 귀여운지.

아이가 어릴 때 일이에요. 숲에 갔다가 오는 길인데, 신발도 벗기 전에 아이가 말했어요. "엄마, 오늘은 뭐 먹을 거 없어요?" 처음에는 당황했는

박주가리_ 7월 11일

박주가리 잎_ 5월 7일

박주가리 꽃_ 7월 11일

박주가리 어린 열매_ 9월 9일

박주가리 열매_ 11월 18일

박주가리 열매, 박 바가지를 닮았다._ 12월 10일

왜박주가리, 덩굴로 자란다._ 7월 16일

왜박주가리 열매, 박주가리보다 작다._ 10월 6일

덩굴박주가리, 윗부분이 덩굴성_ 8월 31일

흑박주가리. 윗부분이 덩굴성_ 7월 28일

흑박주가리 열매_ 7월 28일

데, 금방 고맙다는 생각이 들었어요. 가끔 찔레나 오디, 산딸기 같은 걸 가져다주니 자연에서 난 것을 먹는 버릇이 몸에 밴 듯해서요. 마침 박주가리 열매 하나를 모셔 온 게 있어서 주니 "좀 더 없어요?" 이러면서 맛있게 먹더군요.

박주가리 풋열매는 먹을 수 있어요. 껍질과 속을 통째로 먹어도 되는데, 연할 때 먹으면 부드럽고 향긋해요. 하지만 조금이라도 독이 있으니, 많이 먹으면 안 돼요. 이 열매가 익으면 벌어져 씨에 붙은 솜털 같은 갓털(관모)을 달고 날아가죠. 박주가리 씨를 민들레처럼 불어 날리는 재미도 쏠쏠해요. 백로 깃털처럼 하얗고 깨끗한 갓털은 예전에 도장밥을 만드는 데 썼대요.

참. 박주가리는 열매껍질이 박을 쪼개서 만든 바가지를 닮았다고 붙은 이름이에요. 어린 열매도 오돌토돌한 돌기가 없으면 박 모양이죠. 덩굴박주가리, 왜박주가리, 흑박주가리도 있어요.

갈퀴덩굴 _갈퀴가 있는 덩굴

꼭두서니과 | 한두해살이풀
꽃 빛깔 : 노란빛 띤 연둣빛
꽃 피는 때 : 4~6월
크기 : 60~90cm

갈퀴덩굴은 집 둘레나 빈터 어디서나 볼 수 있어요. 네모난 줄기에 밑을 향한 잔가시가 갈퀴를 닮아서 갈퀴덩굴이죠. 잎 뒷면 가장자리와 가운데 잎맥에도 잔가시가 있어 맨살이 닿으면 긁혀요.

잔가시가 옷에 잘 붙는 걸 이용해 풀꽃 꾸미기를 할 수 있어요. 갈퀴덩굴 붙일 곳을 정하고, 필요한 만큼 한두 줄기 모셔요. 그런 다음 소매나 목둘레, 주머니, 모자 같은 데 붙이면 깜찍하고 예쁜 갈퀴덩굴 무늬가 된답니다.

거즈 손수건에 붙여도 좋아요. 숲에서 만든 작품을 빨랫줄에 옷을 널어 말리듯 주렁주렁 달면 재미난 숲속 빨랫줄 전시회가 되죠. 나무가 다치지 않게 나무와 나무 사이에 줄을 묶고, 갈퀴덩굴을 필요한 만큼 뜯어서 하얀 거즈 손수건에 모양을 내며 붙여요. 손수건 양쪽을 빨래집게로 집으면 전시회 준비 끝!

갈퀴덩굴 잎은 보통 6~8장씩 돌려나요. 작은 꽃은 찬찬히 보면 넷으로 갈라진 별 모양이 귀여워요. 연둣빛에 노랑이 살짝 섞였는데, 볼 때마다 이렇게 감탄해요. "어쩜! 이런 빛깔 꽃도 있네. 작고 작은 꽃이야."

갈퀴덩굴은 꽃이 작은 만큼 열매도 작아요. 열매자루 끝에 잠자리 눈처럼 생긴 열매가 보통 두 개씩 달리죠. 잠자리 눈하고 다른 점이라면, 이름에 걸맞게 열매에도 갈고리 같은 털이 있다는 거예요. 열매가 사람 옷이나

갈퀴덩굴, 잎이 6∼8장 돌려난다._ 3월 6일

갈퀴덩굴 무리_ 3월 21일

갈퀴덩굴 꽃과 열매_ 5월 15일

갈퀴덩굴 무늬 꾸미기_ 4월 11일

갈퀴덩굴 빨랫줄 전시회_ 4월 11일

동물 털에 붙어 씨앗을 멀리 퍼뜨릴 수 있어요. 덕분에 갈퀴덩굴은 번식을 잘해요.

갈퀴덩굴 뿌리는 빨리 자라는 편이에요. 식물은 보통 싹이 틀 때 뿌리가 함께 나오거나, 뿌리가 조금 먼저 나온다 해도 싹이 곧 나오는데, 갈퀴덩굴은 싹이 나오기 전에 뿌리가 5~6cm로 자라기도 한다니 놀라워요.

솔나물 _그거 솔나물 아니에요

꼭두서니과 | 여러해살이풀
꽃 빛깔 : 노란빛
꽃 피는 때 : 6~8월
크기 : 50~100cm

잎이 솔잎을 닮았고, 어린순을 나물해 먹어서 솔나물이에요. 숲 가장자리 풀밭이나 산소에서 잘 자라죠. 여러해살이풀이라 아는 산소에서 해마다 보는데, 작은 별 모양 꽃이 어찌나 촘촘하게 피는지 꽃가루가 엉긴 듯 부드러운 느낌이에요.

오래전 어느 봄날, 선생님이랑 학부모가 저수지 둑에서 풀꽃 친구들을 만나고 있었어요. 마른 풀 사이에 솔나물 싹이 파릇파릇 돋아서 반가운 마음에 솔나물 이야기를 하는데, 한 사람이 딱 잘라 말하더라고요. "그거 솔나물 아니에요!"

그 말을 듣고 잘못 봤나 싶어 다시 봤는데, 아무리 봐도 솔나물이 맞았어요. 그 순간 '아하! 이 사람이 헷갈렸구나. 솔나물은 싹이 날 때 갈퀴덩굴이랑 아주 비슷한데' 싶었죠. 솔나물 잎도 갈퀴덩굴처럼 마디 부분에서 빙 돌려나는데, 어릴 때 보면 좀 닮았거든요. 마침 둘레에 갈퀴덩굴이 있어서 보여주니 그제야 고개를 끄덕끄덕하더군요.

2020년 12월 31일까지 등록된 국립수목원 통계 기준으로 우리나라에서 자라는 식물은 4373종이라고 해요. 나무가 801종, 풀이 3572종이니 풀이 훨씬 많죠. 닮은 풀과 꽃도 많을 수밖에요. 그 많은 식물이 꽃이나 잎, 열매와 향기가 저마다 다르고 어여쁜 걸 보면 참 신기해요.

솔나물 꽃_ 6월 21일

솔나물 싹_ 3월 29일

솔나물 잎_ 4월 19일

새삼 _뿌리 없는 식물

메꽃과 | 한해살이풀

꽃 빛깔 : 흰빛
꽃 피는 때 : 7월 말~9월
크기 : 300~500cm 뻗는다.

새삼은 뿌리가 없는 기생식물이에요. 새삼은 잎이 없어 엽록소를 만들 수 없고, 뿌리도 없는데 어떻게 살아갈까요? 처음부터 뿌리가 없는 것은 아니에요. 새삼도 다른 식물처럼 꽃이 피고 씨를 맺거든요. 씨가 익어 땅에 떨어지면, 이듬해 봄에 실 같은 싹이 한 가닥 나와요. 이때까지 뿌리가 있다가, 줄기를 뻗어 다른 식물에 달라붙으면 스스로 뿌리를 잘라요. 그 뒤 새삼은 나무나 풀에 붙인 빨판으로 진액을 빨아 먹으며 살죠.

실새삼과 미국실새삼도 있어요. 둘 다 새삼보다 줄기가 가늘어요. 실새삼은 주로 콩과 식물과 쑥 등에 기생하고, 미국실새삼은 아무 식물에나 잘 기생해요.

새삼이 감고 올라간 식물을 숙주식물 혹은 기주식물이라 해요. 숙주식물은 기생식물의 숙주가 되는 식물을 말하고요. 빨판은 숙주식물의 체관부와 물관부까지 파고들어요. 그 부분을 떼면 상처 같은 구멍이 있는데, 그곳으로 수분과 양분을 가로채죠. 숙주식물의 생장호르몬을 그대로 가로채기 때문에, 숙주식물과 같은 시기에 꽃을 피울 때가 많아요. 이때가 되면 새삼이 감고 있는 식물은 시름시름 마르기 시작하는데, 참 안됐다는 생각이 들어요. 자연에는 이 또한 까닭이 있겠죠.

기생식물도 꽃이 피고 열매를 맺어요. 새삼 씨는 '토사자'라고 하며, 한약재로 써요. 왜 토사자라고 하는지 아세요?

새삼, 굵은 철사 같다._ 8월 29일

새삼 꽃_ 10월 7일

새삼 열매_ 10월 20일

새삼 마른 열매_ 3월 4일

새삼 줄기, 빨판을 붙인 모습_ 10월 7일

새삼 줄기, 구멍은 빨판을 붙여 기생한 흔적_ 10월 7일

실새삼, 콩과 식물과 쑥 등에 기생한다._ 7월 10일

미국실새삼, 여러 식물에 기생한다._ 7월 26일

미국실새삼, 뿌리를 자른 모습_ 6월 9일

옛날에 토끼를 좋아하는 부자가 있었어요. 하루는 노비가 나무를 넘어 뜨리는 바람에 토끼 한 마리가 다치고 말았어요. 들킬 걸 걱정한 노비는 다친 토끼를 콩밭에 숨겼어요. 사흘 뒤, 토끼 한 마리가 없어진 것을 알아챈 부자가 벼락같이 화를 냈어요. 노비는 할 수 없이 콩밭에 갔는데, 토끼가 다치기 전보다 펄펄하게 뛰어다니고 있었어요.

이상하게 여긴 노비는 토끼 한 마리를 일부러 다치게 한 다음, 콩밭에 데려갔어요. 그러자 토끼가 실 같은 덩굴을 뜯어 먹는 거예요. 며칠 뒤에 보니, 그 토끼도 깡충깡충 뛰어다녔어요. 노비는 허리 병으로 누워 계신 아버지께 그 씨앗 삶은 물을 드렸어요. 아버지가 거짓말처럼 말끔히 나았고, 그 뒤 허리 아픈 사람들이 너도나도 새삼 씨를 달여 먹었대요.

그때까지 이름이 없던 새삼을 토끼 허리를 고쳤다고 토끼 토(兎), 실 사(絲), 씨앗 자(子)를 써서 토사자라고 했대요. 어릴 때 토끼한테 새삼을 걷어주면 맛나게 먹던 모습이 새삼 떠오르네요.

꽃마리 _세상에서 가장 예쁜 꽃 바지

지치과 | 두해살이풀

꽃 빛깔 : 밝은 하늘빛
꽃 피는 때 : 3~7월
크기 : 10~30cm

꽃마리는 아주 작은 풀꽃이에요. 꽃이 피어도 꽃봉오리인가 싶을 만큼 작죠. 꽃차례가 또르르 말려 있다고 꽃마리라 해요. 꽃말이, 꽃말이 하다가 꽃마리가 됐어요. 말려 있던 꽃차례는 꽃이 피면서 조금씩 펴지는데, 나중에는 언제 말려 있었나 싶게 길어요.

꽃마리는 논밭 둑이나 길옆에 잘 자라고, 집 둘레 양지바른 곳에서도 자주 눈에 띄어요. 하늘빛 꽃마리 꽃은 다섯 갈래로 갈라진 통꽃이에요. 고 작은 꽃 속에 노란 동그라미 무늬가 있어서 얼마나 앙증맞은지 몰라요. 꽃은 하늘빛인데, 좁쌀만 한 꽃봉오리는 연분홍빛이라 더 귀여워요. 작디작아서 사랑스러운 꽃이죠.

어느 날 아파트 경비 아저씨가 잔디 틈에 난 풀을 뽑고 있더군요. 얼마쯤 뒤에 보니 그곳에서 꽃마리 꽃이 피었지 뭐예요. 아저씨 눈을 피해 꽃이 핀 게 대견해서 지나가는 사람들을 붙들고 "이것 좀 보세요. 여기 이렇게 예쁜 꽃이 피었어요!" 소리치고 싶었어요.

하지만 경비 아저씨가 먼저 뛰어올까 봐 꾹 참았어요. 언젠가 그 아저씨가 아파트 뜰에 핀 꽃마리를 삽으로 뒤엎는 것을 봤거든요. 발을 동동 구르다 아저씨한테 잔디하고 꽃마리 가운데 누가 더 예쁜지 여쭸어요. 아저씨는 꽃마리가 더 예쁘지만, 관리실에서 잡초를 뽑으라고 하니 어쩔 수 없다고 했어요. 아저씨한테 잔디밭 한쪽 귀퉁이라도 뽑지 말아달라고 부탁

꽃마리_ 4월 9일

꽃마리 꽃_ 4월 9일

꽃마리, 꽃 속에 노란 동그라미_ 3월 27일

꽃받이_ 4월 9일

꽃받이, 꽃 속에 하늘빛 동그라미_ 4월 27일

했어요. 아저씨가 매실나무 아래는 풀을 뽑지 않고 작은 꽃밭만큼 남겨뒀
는데, 이틀 뒤에 보니 그곳도 잔디만 두고 싹 뽑아버렸지 뭐예요.

아파트 뜰에 피었다고 꽃마리와 같이 뽑히는 꽃이 있어요. 바로 꽃받이
예요. '꽃바지'라고도 하죠. 꽃받이를 볼 때마다 이 꽃을 본떠 바지를 지어
입으면 세상에서 둘도 없는 꽃 바지가 되겠다는 생각이 들어요.

꽃받이는 꽃마리와 꽃도 많이 닮았어요. 하지만 비슷한 꽃도 찬찬히 보
면 저마다 다른 어여쁨이 있어요. 꽃마리 꽃은 밝은 하늘빛, 꽃받이는 흰
빛 품은 하늘빛. 꽃마리는 꽃 안에 노란 동그라미, 꽃받이는 꽃 빛깔하고
같은 하늘빛 동그라미. 꽃마리는 잎끝이 둥글고, 꽃받이는 잎끝이 뾰족하
고 잎이 쭈글쭈글해요.

골무꽃 _내가 골무

꿀풀과 | 여러해살이풀

꽃 빛깔 : 자줏빛
꽃 피는 때 : 4월 말~6월
크기 : 15~30cm

풀이나 나무를 보면서 이런 생각을 할 때가 많아요. '꽃도, 열매도 어쩌면 이렇게 저마다 특별하게 생겼을까?' 골무꽃은 생긴 꼴이 특별하지만, 이름이 전해진 내력은 좀 억지스럽다고 생각했어요. 꽃이나 열매가 골무를 닮아서 골무꽃이라는 이름이 붙었다는데, 볼 때마다 고개를 갸웃거렸죠. 아무리 봐도 골무와 닮은 것 같지 않았거든요. 열매가 납작하고 오목한 게 차라리 초고추장을 담는 종지나 가리비를 닮았다면 어울릴 듯했어요. 골무는 손가락 끝에 뚜껑처럼 끼우는 두겁 모양, 가락지처럼 끼우는 가락지 모양이니까요.

한번은 숲길에서 조금 다른 골무꽃을 봤어요. 이파리가 훨씬 갸름하고, 꽃 빛깔도 다르더라고요. '골무꽃에도 여러 가지가 있지. 그럼 이건 무슨 골무꽃일까?' 생각하며 들여다보는데, 희한하게 생긴 열매가 눈에 띄는 거예요. "와! 이게 바로 골무를 닮았네!" 두 줄로 달린 열매가, 어릴 때 엄마 몰래 반짇고리에서 꺼내 소꿉놀이하던 두겁 모양 골무와 비슷했어요. 그 순간 골무꽃에 대한 수수께끼가 확 풀렸죠. 열매를 보고 이름을 지은 게 확실하니까요. 이 골무꽃은 광릉골무꽃이었어요.

요즘은 손바느질을 거의 하지 않으니 골무 쓸 일이 없지만, 조상들 삶이 밴 물건이 들꽃 이름에 고스란히 남았다고 생각하면 골무꽃이 더 정다워요. 골무꽃은 대개 산자락이나 들의 길섶에서 볼 수 있어요. 작지만 꽃 빛

골무꽃_ 5월 9일

골무꽃 잎_ 4월 15일

골무꽃 열매_ 5월 31일

산골무꽃, 꽃 빛깔이 연하고 잎이 달걀형이다._ 5월 30일

애기골무꽃, 전체가 작다._ 9월 2일

참골무꽃, 바닷가에서 자란다._ 6월 30일

광릉골무꽃_ 6월 1일

광릉골무꽃 잎, 윤기가 난다._ 4월 30일

광릉골무꽃 열매_ 6월 11일

깔이 짙어 풀숲에 피면 눈에 띄죠.

　골무꽃 종류에는 산골무꽃, 애기골무꽃, 참골무꽃, 광릉골무꽃도 있어요. 산골무꽃은 산에서 자라고, 꽃이 작고 흰빛이 도는 애기골무꽃은 축축한 곳을 좋아해요. 참골무꽃은 바닷가에서 자라고, 꽃이 짙고 큰 편이죠. 광릉 숲에서 처음 발견한 광릉골무꽃은 남쪽 지방에도 흔히 자라요. 광릉은 조선 7대 임금인 세조와 그의 비 정희왕후의 무덤으로, 500년 정도 된 나무가 울창해요. 주변에 국립수목원도 있고요. 아, 그곳에 가고 싶어요.

꿀풀 _꿀 방망이

꿀풀과 | 여러해살이풀
꽃 빛깔 : 자줏빛
꽃 피는 때 : 5~7월
크기 : 15~30cm

굴렁쇠 친구들하고 봉림산 자락을 누비다가 자줏빛 꽃 무더기를 봤어요. 생각지 않은 곳에서 고운 꽃을 보니 어찌나 반가운지, 얼른 친구들을 불렀죠. 친구들이 쪼르르 몰려와서는 "야, 이쁘다!" "이게 무슨 꽃이에요?" 하며 앞다퉈 꿀풀을 보려고 했어요.

꽃을 하나씩 따서 맛보라고 했죠. 입술 모양 통꽃을 쪽쪽 빨아 맛을 본 친구들이 "이게 무슨 맛이에요?" "아무 맛도 없어요" 하는데, 바라던 대답이 아니라 좀 실망했어요. 그때 한 친구가 눈을 동그랗게 뜨고 "조금 달콤하고 꿀맛이 나요" 하더라고요. 아, 그 말이 어찌나 반가운지요. 꽃에 꿀이 많은 풀이라고 꿀풀이거든요.

꿀풀은 어른 한 뼘 길이로 자라는데, 꽃줄기 전체가 뿅망치같이 생겼어요. 두드리면 뿅 뿅 소리 나는 장난감 망치 아시죠? 그래서 '꿀방망이'라고도 해요. 초여름에 꽃이 피었다가 여름이 가기 전에 이삭이 말라서 '하고초(夏枯草)'라고도 해요. 꽃이 자줏빛을 띠고 풀 전체에 자줏빛이 감돌아 가지를 닮았고, 어린순은 나물로 먹는다고 '가지나물'이라고도 해요.

꿀풀은 산이 낮고 숲이 우거지지 않은 곳에 자라요. 한번은 부산과 경남 지역에 사는 사람들이 꽃을 보러 모였어요. 불모산에서 꽃을 보고 내려오다가 산 들머리에 있는 어느 산소에 들렀어요. 양지바른 곳이라 씀바귀, 땅비싸리, 장대나물, 제비꽃 같은 꽃이 한창이었죠.

꿀풀_ 6월 5일

꿀풀 잎_ 3월 27일

꿀풀 꽃 진 뒤 모습_ 6월 21일

꿀풀 꿀 빨아 먹은 꽃_ 6월 7일

한 사람이 "어머나! 이게 무슨 꽃이에요? 빛깔이 이렇게 선명하고 예쁜 들꽃도 있나요?"라며 막 피어난 꿀풀한테서 눈을 떼지 못했어요. 그러자 옆에 있는 사람이 캐다가 집에 심으라며 나무 꼬챙이로 땅을 막 파는 거예요. 꽃이 예쁘다고 한 사람이 오히려 당황하고, 이쯤 되니 모두 풀꽃지기 눈치를 보는 것 같았어요. 그 뒤 어떻게 됐을까요? 하하! 상상에 맡길게요.

광대나물 _춤추는 광대

꿀풀과 | 한두해살이풀

꽃 빛깔 : 붉은 자줏빛
꽃 피는 때 : 3~6월
크기 : 10~30cm

광대나물은 들에서 흔히 볼 수 있어요. 마을 빈터 양지바른 곳에서는 겨울에도 심심찮게 꽃을 피우고요. 일찍 피어서 꽃말이 '봄맞이'죠. 남보다 먼저 피어 봄을 맞기는 쉽지 않아요. 매서운 추위를 견뎌야 하니까요. 광대나물은 일찍 피다 보니, 꽃이 핀 채로 꽁꽁 얼기도 해요. 그러다 날이 풀리면 어느새 다른 꽃을 피우고, 눈이라도 내리면 그대로 눈을 맞고요.

이때는 꽃가루를 옮겨줄 곤충이 흔치 않아요. 그래서 광대나물은 닫힌 꽃이 흔해요. 닫힌 꽃은 꽃부리(화관 : 꽃받침 위부터 꽃 전체)가 열리지 않은 채 꽃 속에서 암술과 수술이 만나 꽃가루받이해요. 그러면 좋은 유전자를 남기기 어렵지만, 자손을 퍼뜨리지 못하는 것보다 낫죠.

광대나물은 꽃이 춤추는 광대 모습을 닮아서 붙은 이름이에요. 기다란 통 모양 꽃을 찬찬히 보면, 어릿광대가 털옷에 털모자까지 쓰고 두 손을 앞으로 모으고 춤을 추는 것 같아요. 광대나물 꽃과 잎에 털이 많거든요. 꽃을 받치는 잎이 광대가 입는 옷의 목둘레 장식을 닮았다고도 해요. 잎이 마른 코딱지 같다고 '코딱지나물'이라 하는 곳도 있어요. 꽃을 받치는 잎이 광주리처럼 생겨서 '광주리나물꽃'이라고도 하고요. 한 가지 꽃을 달리 보는 게 재미있어요.

어떤 사람이 이렇게 묻기도 했어요. "발레복 치마 같은 데서 자줏빛 꽃이 올라왔어요. 이름이 뭐죠?" 역시 광대나물이에요. 잎이 정말 발레 할 때

광대나물_ 4월 13일

광대나물 닫힌 꽃_ 3월 26일

광대나물 잎_ 2월 2일

자주광대나물_ 4월 11일

자주광대나물 잎_ 3월 1일

광대수염_ 5월 6일

광대수염 잎_ 4월 21일

입는 치마 같기도 해요.

　이름에 '광대'가 들어가는 풀에는 잎이 자줏빛 도는 자주광대나물, 주로
흰 꽃이 돌려 피는 광대수염도 있어요. 광대수염은 꽃받침이 길게 갈라져
수염 같아요.

배암차즈기 _너, 두고 보자!

꿀풀과 | 두해살이풀

꽃 빛깔 : 연자줏빛
꽃 피는 때 : 4~7월
크기 : 30~70cm

아주 오래전 한겨울이었어요. 양지바른 들판을 둘러보는데, 논둑에 겨울 배추 닮은 풀이 모닥모닥 자라고 있었어요. 잎이 오톨도톨한 게 자주 보는 풀인데, 도무지 이름을 모르겠더라고요. 그래서 꽃이 피길 기다리겠다는 뜻으로 "너, 두고 보자!" 하니 함께 간 사람들이 웃었어요. 두고 보자는 사람 하나도 안 무섭다면서요.

　그때 한 사람이 중요한 말을 했어요. "우리는 어릴 때 이 풀을 보고 잎이 오톨도톨하다고 '옴디풀' '문둥이풀'이라 했어요!" 우선 '오톨도톨잎'이라 불러주고, 꽃이 피는 걸 지켜보기로 했죠. 그때만 해도 우리나라 식물도감은 대개 꽃이 핀 모습만 나와서 싹이나 잎, 마른 모습을 보고는 무슨 풀인지 알기 어려웠거든요. 싹이나 꽃봉오리, 잎, 꽃받침, 꽃이 진 뒤 마른 모습을 봐도 무슨 풀인지 알면 좋은데 말이죠.

　봄꽃이 마구 피어나던 어느 날, '오톨도톨잎' 꽃이 피었을 것 같다는 생각에 그 논둑으로 가봤어요. 신기하게 흔적조차 보이지 않았어요. '이상하다… 꼼짝 못 하는 식물이 어디로 사라질 리 없는데….' 아무리 봐도 눈에 익혀둔 풀은 없고, 둘레에 멀쑥하게 키가 크고 자잘한 꽃이 핀 풀만 보였어요. 그 풀은 못 찾았지만, 그나마 새로운 꽃을 봐서 기분이 좋았죠.

　그런데 이 꽃도 뿌리에서 난 잎은 시들어버린 뒤라 도무지 무슨 풀인지 모르겠더라고요. 어딘가 흔적이 있을 거라 여기며 주변을 살펴보다가 연

배암차즈기_ 5월 23일

배암차즈기 잎_ 9월 9일

배암차즈기 꽃_ 4월 9일

둥근배암차즈기_ 9월 19일

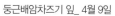

둥근배암차즈기 잎_ 4월 9일

참배암차즈기_ 7월 12일

참배암차즈기_ 8월 20일

자줏빛 꽃이 자잘하게 모여 피고, 아래 시들다 만 이파리가 조금 남은 걸 찾았어요. 풀꽃지기가 찾던 바로 그 잎이었어요. 한꺼번에 두 가지 궁금증이 풀렸죠. "두고 보길 정말 잘했어!"

뿌리잎은 시들고 흔적이 조금 있지만 분명 겨울에 봐둔 그 잎이 맞고, 줄기가 올라와 핀 꽃이었어요. 3년 만에 잎과 꽃이 핀 모습을 함께 본 거예요. 뿌리잎과 줄기잎(경생엽)이 달라 전혀 몰랐죠. 그날은 잎도 있고 꽃도 있으니, 배암차즈기라는 걸 알았고요.

꽃이 마치 뱀(배암)이 입을 쩍 벌린 것 같다고 배암차즈기예요. 어때요, 정말 뱀이 입을 벌리고 있는 것 같아요? 둥근배암차즈기와 참배암차즈기도 있어요.

'뱀배추'라고도 하는 배암차즈기는 겨울 배추처럼 로제트 모양으로 겨울을 나요. 가래를 삭이고 기침을 멎게 하는 약으로 써요.

들깨풀 · 쥐깨풀 _들깨 닮은 풀

들깨풀

꿀풀과 | 한해살이풀

꽃 빛깔 : 연자줏빛
꽃 피는 때 : 8~10월
크기 : 20~60cm

쥐깨풀

꿀풀과 | 한해살이풀

꽃 빛깔 : 연자줏빛
꽃 피는 때 : 7~9월
크기 : 20~50cm

밭에는 참깨와 들깨가 있죠? 산과 들에는 들깨풀이 있어요. 열매가 들깨를 닮았는데, 들깨보다 작다고 보면 돼요. 깨 이야기를 하니 고소한 냄새가 나는 것 같아요. 들깨풀과 비슷한 쥐깨풀도 있어요. 둘을 구별하고 이름을 제대로 불러주려면 코에서 단내가 난다는 사람도 있어요.

  비슷한 풀을 구별할 때 보면, 더러 눈 밝은 사람도 심 봉사가 따로 없어요. 쌍둥이처럼 똑 닮은 풀도 있으니까요. 어렵사리 구별했다 싶다가도 다음에 보면 이 친구가 그 친구 같고, 그 친구가 이 친구 같거든요. 특별히다른 점 한두 가지만 알면 식물과 친해지는 게 어렵지 않아요. 알고 나면보이고, 보인 뒤에는 쉬우니까요.

들깨풀과 쥐깨풀 견주기

구분	들깨풀	쥐깨풀
자라는 곳	산과 들	산과 들의 축축한 곳
잎	쥐깨풀보다 둥근 느낌이고, 톱니가 5~10쌍	들깨풀보다 갸름하고, 톱니가 4~7쌍
잎자루	위쪽 잎은 잎자루 없고, 아래 잎은 잎자루 1~2cm	잎자루가 모두 있고, 1~3cm

들깨풀_ 9월 2일

들깨풀 잎_ 9월 1일

들깨풀 열매_ 9월 8일

쥐깨풀_ 9월 8일

쥐깨풀 잎_ 9월 4일

쥐깨풀 열매_ 9월 22일

처음에는 까다로운 식물을 뭐 하러 나눴을까 싶었죠. 나름대로 알아보고 친해지니, 비슷하다고 서로 다른 식물을 뭉뚱그려 부르는 것도 우습다는 생각이 들어요. 쌍둥이가 비슷하다고 같은 이름으로 부를 순 없으니까요. 비슷한 풀을 처음부터 정확히 알아보기는 쉽지 않지만, 자꾸 보면 눈에 익어서 구별하기 쉬워요. 둘 다 열매가 들깨를 닮았다는 것만 알아도 장하죠.

꽃향유 _향기 나는 기름

꿀풀과 | 한해살이풀

꽃 빛깔 : 붉은 자줏빛
꽃 피는 때 : 9~10월
크기 : 20~60cm

가을에 산길을 걷는데, 어떤 아저씨가 길섶을 가리키며 말했어요. "이 산에는 방아가 억수로 많네!" 같이 가던 아주머니가 믿을 수 없다는 듯 말했어요. "이게 추어탕에 넣는 방아라고요? 방아가 와 산에 있는교?" 이번에는 아저씨가 받아쳤어요. "당신, 내를 뭘로 보노? 이래 봬도 내가 촌놈 아이가!" 그 말에 아주머니가 웃으며 남편을 자랑스럽게 바라보데요.

풀꽃지기는 그 순간 두 사람을 보며 입술을 달싹거렸어요. '아니에요, 이 풀은 방아 닮은 꽃향유예요!' 말이 목구멍까지 찼지만, 입안에서 꿀꺽 삼켰어요. 아내 앞에서 자랑스럽게 말하는 남편 체면을 생각해서요. 그도 그럴 것이 꽃향유는 추어탕에 넣어 먹는 배초향(경상도에서는 방아라고 해요)과 꽃도, 잎도 비슷하게 생겼거든요. 꽃향유는 꽃이 한쪽으로 쏠려 피고, 배초향은 사방으로 피는 게 달라요. 물론 향도 다르고요.

꽃향유는 볕이 잘 드는 언덕이나 산길 언저리에 자라요. 꽃이 쫙 깔려서 피면 사람들 눈길을 사로잡죠. 꽃차례에 작은 꽃이 빽빽이 한쪽으로 쏠려 핀 모습이 그렇게 신기할 수 없어요. 어떤 사람은 그 모습을 보고 솔로 된 빗 같다고 하더라고요.

꽃향유는 꽃이 피기 전에는 잎이 고만고만한 풀로 보여요. 하지만 꽃이 피면 눈에 잘 띄고, 향도 얼마나 짙은지 몰라요. 잎에서도 향이 나고, 심지어 마른 풀을 만져도 짙은 향이 나죠.

꽃향유_ 10월 21일

꽃향유 마른 모습_ 1월 1일

꽃향유 잎_ 6월 28일

향유_ 10월 7일

향유 잎_ 7월 15일

털향유, 줄기에 털이 많다._ 7월 14일

털향유 잎_ 7월 14일

향기 나는 기름을 만드는 꽃이라고 꽃향유라 해요. 꽃향유 기름은 목욕 세제를 만드는 데 향료로 써요. 꽃향유는 꽃에 꿀이 많아 늘 곤충이 모여들어요. 꿀을 빠는 벌이나 곤충을 가만히 보면, 한 꽃에 머물지 않고 이 꽃 저 꽃 바쁘게 날아다니죠. '아이고, 바쁘기도 하네. 저 작은 꽃 속에 꿀이 있으면 얼마나 있다고 저렇게 빨고 또 빨까?' 그러다 벌 뒷다리에 매단 꽃가루 경단을 보면 금세 생각이 바뀌어요. '그래, 덩치가 작은 꿀벌한테는 이 작은 꽃도 꿀단지만 하게 보일 테지?'

까마중 _화장실 옆에서 딴 까마중

가지과 | 한해살이풀
꽃 빛깔 : 흰빛
꽃 피는 때 : 6~10월
크기 : 20~90cm

오래전에 몇 사람이 '역사 풀꽃 나들이'를 하고 있었어요. 주유소에 들러 기름도 넣고, 몇 사람은 화장실에 갔어요. 그런데 화장실에 간 사람 하나가 한참 오지 않더라고요. '배탈이라도 났나?' 걱정하는데 마침 오는 게 보였어요. 그 사람은 어디서 씻었는지 물이 뚝뚝 흐르는 까마중 열매를 한 줌 내밀며 말했어요. "잘 익은 까마중이 있는데, 우리 따 먹고 갈래요?"

까마중 몇 알을 한입에 톡 넣었어요. 까마중 열매는 작아서 여러 알 먹어야 제맛이거든요. 입안에서 살살 굴린 뒤, 하나씩 톡톡 터뜨리며 먹었죠. 문득 이 까마중은 화장실 옆에서 땄고, 화장실에서 씻었을 거란 생각이 들어 물어보니 역시나 그랬어요. 잘 익은 까마중 맛에 그런 것쯤 문제가 아니었지만, 더 따 먹고 싶진 않았어요.

까마중 열매는 까맣게 익으면 먹을 수 있어요. 요즘 도시 친구들한테 까마중을 따주면, 입에 넣고 우물우물하면서 어쩔 줄 모르죠. 오히려 까마중을 맛있게 먹는 풀꽃지기를 이상한 사람 보듯 해요. 하지만 몇 번 먹어본 친구들은 까마중을 보면 우르르 모여들어요.

까마중 줄기를 젖히면 열매가 조랑조랑 달렸어요. 까맣게 익은 걸 따 먹고, 이튿날 가면 그새 익은 열매가 보이기도 해요. 까마중에는 감자 싹처럼 솔라닌이 있어요. 물에는 거의 풀리지 않기 때문에, 많은 양을 먹으면 중독이 되죠. 하지만 적은 양은 염증을 없애고, 심장을 튼튼하게 하며, 오

까마중_ 8월 28일

까마중 열매, 총상꽃차례_ 10월 27일

까마중 열매, 윤기가 없다._ 9월 27

미국까마중 꽃, 산형꽃차례_ 11월 6일

미국까마중, 자줏빛 꽃과 흰 꽃이 있다._ 10월 30일

미국까마중 열매, 산형꽃차례로 달리고 윤기가 난다._ 7월 12일

미국까마중 열매_ 11월 14일

줌이 잘 나오게 하고, 방사능 독을 푸는 데 효능이 있대요.

까마중은 열매가 스님(중) 머리를 닮았다고 이런 이름이 붙었어요. '땡깔' '먹때깔' '까마중이' '까마종이'라고도 하죠. 미국까마중과 털까마중도 있어요. 까마중은 총상꽃차례로 흰 꽃이 피고, 열매가 어긋나게 달리고, 꽃받침 끝이 둥글어요. 미국까마중은 산형꽃차례로 흰 꽃이나 자줏빛 꽃이 피고, 반들거리는 열매가 사방으로 달리고, 꽃받침 끝이 뾰족한 편이에요. 털까마중은 줄기와 잎, 열매자루에 까마중보다 샘털이 많고요.

꽃차례 종류

꽃차례는 꽃대에 꽃이 달리는 방식으로, 화서(花序)라고도 해요. 꽃의 수가 정해지지 않고 꽃대가 자라는 동안 계속 꽃이 피는 꽃차례를 무한(無限)꽃차례, 꽃 필 시기에 꽃의 수가 정해져 있는 꽃차례를 유한(有限)꽃차례라 해요.

총상(總狀)꽃차례
다른 이름 : 총상화서, 모두송이꽃차례, 술모양꽃차례
뜻 : 꽃자루가 있는 꽃이 긴 꽃대에 모여 달린다.
대표 식물 : 무릇, 까마중, 꼬리풀, 꽃다지, 냉이

산형(傘形)꽃차례
다른 이름 : 산형화서, 우산모양꽃차례
뜻 : 꽃자루 있는 꽃이 꽃대 끝에 우산 모양으로 달린다.
대표 식물 : 궁궁이, 미국까마중, 미나리, 앵초

미상(尾狀)꽃차례
다른 이름 : 미상화서, 꼬리모양꽃차례
뜻 : 꽃자루 없는 암꽃이나 수꽃이 가늘고 긴 꽃대에 꼬리처럼
　　늘어져 달린다.
대표 식물 : 구실잣밤나무 수꽃, 밤나무 수꽃, 상수리나무 수꽃

수상(穗狀)꽃차례
다름 이름 : 수상화서, 이삭모양꽃차례
뜻 : 꽃자루 없는 꽃이 가늘고 긴 꽃대에 이삭 모양으로 촘촘히
　　달린다.
대표 식물 : 범꼬리, 질경이, 여뀌

산방(繖房)꽃차례

다른 이름 : 산방화서, 수평꽃차례

뜻 : 꽃자루 있는 꽃이 비슷한 높이에 모여 달린다.

대표 식물 : 마타리, 기린초

육수(肉穗)꽃차례

다른 이름 : 육수화서, 살이삭꽃차례

뜻 : 꽃자루 없는 꽃이 두툼한 꽃대에 조밀하게 모여 핀다.

대표 식물 : 창포, 부들, 앉은부채, 천남성

취산(聚繖)꽃차례

다른 이름 : 취산화서, 모인우산꽃차례

뜻 : 맨 위나 안쪽 꽃이 먼저 피고, 아래나 곁가지 꽃이 핀다.

대표 식물 : 쇠별꽃, 갈퀴덩굴, 가락지나물, 별꽃, 개머루

두상(頭狀)꽃차례

다른 이름 : 두상화서, 머리모양꽃차례

뜻 : 꽃자루 없는 꽃이 꽃받침에
　　머리 모양으로 조밀하게 달린다.

대표 식물 : 미국가막사리, 개쑥갓, 엉겅퀴, 민들레, 쑥부쟁이

은두(隱頭)꽃차례

다른 이름 : 은두화서, 숨은꽃차례

뜻 : 꽃이 밖에서는 보이지 않는다.

대표 식물 : 천선과나무, 모람, 무화과나무

권산(卷繖)꽃차례

다른 이름 : 권산화서, 말린꽃차례

뜻 : 꽃이 한쪽으로 태엽처럼 말려 있다.

대표 식물 : 꽃마리, 지치, 컴프리

배상(杯狀)꽃차례

다른 이름 : 배상화서, 술잔모양꽃차례

뜻 : 잎이 변한 작은 꽃싸개잎(포엽)에 싸여 작은 술잔 모양을
　　 이루고, 그 속에 퇴화한 여러 수꽃과 암꽃이 하나 핀다.

대표 식물 : 대극, 땅빈대, 애기땅빈대, 큰땅빈대, 등대풀

원추(圓錐)꽃차례

다른 이름 : 원추화서, 원뿔꽃차례

뜻 : 여러 개로 갈린 꽃이 원뿔 모양으로 핀다.

대표 식물 : 노루오줌, 광나무, 붉나무

배풍등 _세상에서 가장 작은 배드민턴공

가지과 | 여러해살이풀
꽃 빛깔 : 흰빛
꽃 피는 때 : 7~9월
크기 : 300cm 정도 뻗는다.

약으로 쓰면 풍을 물리치고, 등나무처럼 덩굴로 자라서 배풍등이에요. 물리칠 배(排), 바람 풍(風), 등나무(藤) 등을 쓰죠. 눈이 내려도 열매가 빨갛게 달려 있다고 '설하홍'이라고도 해요.

배풍등은 여러해살이 덩굴식물로, 줄기 아래쪽만 살아 겨울을 나요. 봄이면 아래쪽 줄기에서 새잎과 줄기가 돋아나는데, 온몸에 털이 뽀송뽀송해요. 그러다 줄기를 뻗고, 여름이 되면 희고 조그마한 꽃을 피워요.

꽃 모양이 마치 배드민턴공 같아요. 이렇게 작은 배드민턴공은 없지만, 모양이 많이 닮았어요. 주삿바늘처럼 삐죽 튀어나온 암술대도 귀여워요. 풀꽃지기는 특별하게 생긴 꽃을 볼 때마다 '유치원생이나 초등학생한테 이런 꽃을 보여주면 미술 시간에 코스모스나 해바라기, 튤립 같은 꽃만 그리지 않을 텐데…' 생각해요.

배풍등 열매는 누가 아침마다 닦아놓은 듯 반들반들해요. 가을이면 빨갛게 익는데, 긴 열매자루 끝에 구슬같이 대롱대롱 달린 열매가 참 예뻐요. 빨강 가운데서도 밝은 빨강이거든요. 껍질이 얇고 맑아서 속에 든 씨가 비쳐요. 이걸 보면 톡 터뜨려 먹고 싶다니까요. 하지만 배풍등 열매는 독이 있어서 먹으면 안 돼요.

한번은 풀꽃 동무가 배풍등 열매가 예쁘다고 귀걸이를 했어요. 어찌나 예쁜지…. 몸에 뭘 다는 걸 좋아하지 않는데 이런 색감과 모양, 질감으로

배풍등_ 8월 2일

배풍등 잎_ 5월 16일

배풍등 빨간 열매_ 11월 13일

배풍등 노란 열매_ 11월 13일

배풍등 풋열매 귀걸이_ 11월 7일

좁은잎배풍등. 잎이 좁고 연자줏빛 꽃이 핀다._ 7월 8일

만든 귀걸이라면 한번쯤 기분을 내보고 싶더라고요. 배풍등 꽃 모양 귀걸이도 예쁠 것 같아요.

　우리 조상들은 눈이 내려도 빨갛게 달린 배풍등 열매를 보고 시를 짓고, 그림도 그렸어요. 요즘은 노란 열매도 제법 보여요. 배풍등 열매가 예쁜 곳을 봐뒀다가 눈이 내리면 가보고 싶어요. 잎이 좁고 연자줏빛 꽃이 피는 좁은잎배풍등도 있어요.

주름잎 _주름 뭐시라, 이름도 벨시럽네

현삼과 | 한두해살이풀

꽃 빛깔 : 연보랏빛
꽃 피는 때 : 3~9월
크기 : 5~15cm

텃밭 가는 길가에 쪼그리고 앉아 주름잎을 들여다보고 있었어요.

"새댁, 거기 앉아서 뭐 하누?" 돌아보니 옆집 할머니였어요. 뭔가 보고 있는데, 할머니 눈에는 특별한 게 보이지 않았나 봐요.

"아, 예! 이 풀 보고 있어요."

"그 풀이 뭐시 그래 볼 게 있을꼬? 땅바닥에 찰싹 달라붙은 게 내사 하나도 볼 게 없구마."

"주름잎이라는 풀인데, 예쁜 꽃이 피어요."

할머니는 "그래 코딱지만 한 풀도 이름이 다 있나? 주름 뭐시라, 이름도 벨시럽네" 하면서 텃밭으로 가시더군요. 저도 예전에는 이 풀을 보고 "특별히 주름이 많지도 않은데 주름잎이라고? 이 정도를 가지고 주름잎이라 하면, 웬만한 풀꽃은 다 주름잎이겠네" 하며 웃었어요.

잎 가장자리에 주름이 져서 주름잎이래요. 다시 보니 잎 가장자리에 정말 오린 듯 들쭉날쭉한 주름이 있더라고요. 사람 이마에 생기는 주름이 아니라, 물결무늬처럼 들쭉날쭉한 주름이에요.

주름잎 꽃 좀 보세요. 이런 꽃을 입술 모양을 닮았다고 입술모양꽃(순형화)이라 해요. 아랫입술에 있는 노란 무늬가 곤충을 불러들여요. 활주로의 불빛 같은 거죠. 이 무늬를 '허니가이드'라 해요. 여기 앉으면 꿀을 찾기 쉽다고 곤충한테 알려주는 신호등이에요. 연보랏빛에 흰색과 노란색이 한

주름잎_ 9월 19일

주름잎 뿌리잎_ 2월 3일

주름잎 무리_ 5월 23일

치도 흐트러짐 없이 잘 어우러지죠?

한번은 아는 선생님이 부탁했어요. "우리 학교에 있는 나무와 풀꽃에 이름표를 달고 싶어요. 저는 잘 모르니 좀 도와주세요. 이름표를 달면 학생들이 풀꽃을 눈여겨볼 것 같아요."

기쁜 마음으로 달려갔죠. 그 학교에는 돌담 밑, 나무 밑, 조회대 밑에 개망초, 큰망초, 꽃다지, 꽃받이, 주름잎, 광대나물, 괭이밥, 개미자리 같은 풀꽃이 많았어요.

하나하나 이름표를 달아주다가 그 선생님이 "학생하고 선생님, 학교를 찾아오는 사람들 모두 이 예쁜 꽃을 보면 좋겠어요. 이제 이름표를 달았으니, 부지런한 교감 선생님도 잡초라고 싹 뽑아버리지 않겠죠?" 하며 웃는데 그 모습이 참 맑아 보였어요. 장학사가 온다고 하면 다 뽑아버리지 않을까, 장학사가 학교에 난 풀을 뽑지 않았다고 싫은 얼굴을 하면 어쩌나 걱정도 했어요.

풀꽃지기가 자신 있게 말했죠. "진짜 장학사라면 이 작은 풀꽃한테 이름표를 달고 들여다보는 학생과 선생님들한테 손뼉을 쳐줄 거예요."

큰개불알풀 _개 불알 닮은 풀

현삼과 | 두해살이풀
꽃 빛깔 : 하늘빛
꽃 피는 때 : 2월 말~6월
크기 : 10~30cm

큰개불알풀은 이른 봄에 흔히 보여요. 한겨울에도 양지바른 데서 더러 눈에 띄고요. 하늘빛 꽃잎에 짙은 줄이 있어서 작아도 선명하죠. 사진을 보며 "이 꽃이 큰개불알풀이구나" 하는 사람도 있을 거예요. 그런데 이름이 좀 이상하다고요? 개불알풀도 있다면 더 놀랄까요? 큰개불알풀은 일본식 이름을 그대로 흉내 내고 받아 쓴 거래요.

아주 오래전에 굴렁쇠 친구들과 봄꽃 나들이를 갔어요. 그날 본 꽃 가운데 마음에 드는 꽃을 자기 꽃으로 정하기로 했죠. 친구들이 양지꽃, 꽃마리처럼 이름이 예쁜 꽃을 자기 꽃으로 정했는데, 4학년 태희는 큰개불알풀을 자기 꽃으로 정했다지 뭐예요. 태희가 자기 꽃을 정한 이유를 말하는데, 모두 배꼽 빠지는 줄 알았어요.

"제 풀꽃을 큰개불알풀로 정한 이유는 이름이 엽기적이어서입니다. 열매 모양도 그렇고요."

큰개불알풀 열매가 정말 개 불알을 닮았다는 거, 아시나요? 거꾸로 된 심장 모양에 끄트머리가 오목하게 들어갔거든요. 이름값을 톡톡히 하는 셈이죠. 꽃 이름을 말할 때 쑥스럽다고 '봄까치꽃'이라 하기도 해요. 이 풀은 이름 때문에 찬찬히 보고, 키들키들 웃는 사람이 있어요. 그래서인지 다른 꽃보다 이름을 훨씬 잘 기억해요.

하지만 큰개불알풀 꽃이 무리 지어 피면 파란 별이 땅에 내려앉아 반짝

큰개불알풀. 꽃이 하늘빛이고 꽃자루가 길다._ 4월 8일

큰개불알풀 잎_ 12월 7일

큰개불알풀 열매_ 6월 4일

개불알풀, 꽃이 분홍빛_ 3월 21일

개불알풀 잎_ 3월 21일

개불알풀 열매_ 3월 31일

눈개불알풀, 꽃이 연한 하늘빛_ 3월 1일

눈개불알풀 잎_ 3월 1일

눈개불알풀 열매_ 3월 1일

선개불알풀 잎_ 12월 3일

선개불알풀, 줄기가 선다._ 5월 15일

선개불알풀 열매_ 5월 17일

복주머니란, '개불알꽃'이라고도 한다._ 5월 31일

흰복주머니란_ 5월 26일

이는 것 같아요. 그래서 어느 나라에서는 '별의 눈'이라 해요. 영어 이름은 캐츠아이(cat's eye)로 '고양이 눈'이에요.

큰개불알풀보다 작고, 분홍빛 꽃이 피는 개불알풀도 있어요. 창녕에서 개불알풀을 처음 봤을 때 어찌나 반갑던지요. 큰개불알풀은 작아도 흔하고 무리 지어 피어서 잘 보이는데, 개불알풀은 줄기가 땅에 붙어 있고 꽃도 작아서 눈에 잘 띄지 않아요. 분홍색 꽃 지름이 0.5cm 정도밖에 안 돼요. 열매는 통통해요. 아는 만큼 보인다고 그 작은 꽃도 한 번 보고 나니까, 자주 눈에 띄더군요.

개불알풀 종류에는 눈개불알풀과 선개불알풀도 있어요. 눈개불알풀은 누운 듯 깔려 자라고, 선개불알풀은 꼿꼿이 서서 자라요. 개불알풀과 이름이 비슷한 개불알꽃은 등록된 국명이 복주머니란이에요. 개불알풀에 견주면 아주 크죠.

개불알풀 견주기

개불알풀　　　　　큰개불알풀　　　　　눈개불알풀

쥐꼬리망초 _쥐 꼬리 닮은 풀

쥐꼬리망초과 | 한해살이풀

꽃 빛깔 : 연자줏빛
꽃 피는 때 : 7~10월
크기 : 10~40cm

한번은 교사 연수를 하는데, 산 들머리에 쥐꼬리망초가 많았어요. 작고 앙증맞은 꽃이 길섶에 피었더라고요. 선생님 한 분이 이렇게 작은 꽃도 있냐며 놀랐어요. 그 선생님은 한참이나 꽃을 보더니, 태어나서 이렇게 작고 귀여운 꽃은 처음 본다고 했죠. 더 작은 꽃도 많다고 하니까 입이 쩍 벌어지더군요.

며칠 뒤 그 선생님이 전화했어요. 생각지도 못했는데 쥐꼬리망초가 아파트 뜰에도 있고, 출근길에도 보인다고요. 그러면서 오히려 저한테 물었어요. "쥐꼬리망초가 거기 있었는데, 그동안 저는 왜 보지 못했을까요?" 꽃이 없어서가 아니라 눈여겨보지 않아서 못 봤을 거라고 하니, 정말 그랬다고 하더군요.

모든 게 그렇지만, 들꽃 역시 아는 만큼 보인다는 말이 가슴에 와 닿아요. 작은 꽃은 더 그래요. 처음 보기가 어려워서 그렇지, 한번 보면 "나 여기 있어요! 여기도 있어요!" 하고 웃어주거든요. 어느 정도 친해지면 조금 떨어져서도 무슨 꽃인지 알아차리고요. 어때요, 그런 풀꽃 친구가 있으면 좋겠죠? 그러면 학교 가는 길, 소풍 가는 길, 일하러 가는 길, 식구들과 여행하는 길이 더 즐거울 거예요.

쥐꼬리망초라는 이름에 뭐가 있나요? 쥐, 꼬리, 망초… 그래요, 꽃차례가 쥐의 꼬리를 닮아 쥐꼬리망초예요. 줄기나 가지 끝에 이삭 모양으로 난

쥐꼬리망초_ 9월 9일

쥐꼬리망초 잎_ 7월 31일

쥐꼬리망초 꽃이 진 꽃차례_ 10월 12일

꽃차례를 보고 쥐 꼬리가 떠올랐나 봐요. 쥐꼬리망초는 대개 꽃차례가 꼿꼿이 서는데, 쥐 꼬리라기엔 좀 굵고 짧고 털이 있고 뻣뻣한 느낌이죠. 풀 전체가 작고 꽃도 작아 쥐꼬리망초라 한다고도 해요. 쥐꼬리만 하다는 말은 '수효나 분량이 매우 적다'는 뜻으로 쓰이죠. 이렇게 작은 풀꽃도 전체를 '작상'이라 하여 통증을 멎게 하는 약으로 써요.

파리풀 _파리 잡는 풀

파리풀과 | 여러해살이풀
꽃 빛깔 : 연자줏빛
꽃 피는 때 : 7~9월
크기 : 30~70cm

풀꽃 이름에는 동물이 들어가는 게 많아요. 개미자리, 쥐꼬리망초, 토끼풀, 노루발, 돼지풀, 여우구슬, 범꼬리…. 하지만 등록된 꽃 이름에 '파리'가 들어가는 건 거의 없죠.

　파리풀은 왜 파리풀일까요? 이 풀의 뿌리를 찧어서 나오는 즙을 종이에 먹여 파리를 잡았기 때문이에요. 파리풀에는 독이 있는데, 뿌리나 전체를 찧어서 종기나 옴, 벌레 물린 데 붙이면 해독 효과가 있대요. 파리풀은 파리 승(蠅), 독 독(毒), 풀 초(草)를 써서 '승독초'라고도 해요. 파리한테 독이 되는 풀이라는 뜻이죠. 파리가 많은 여름철에 파리풀 꽃이 피는 게 재미있어요. 연자줏빛 꽃이 작고 귀여워요. 이삭 모양 꽃차례에 줄줄이 달린 꽃을 보면, 파리가 다닥다닥 붙어 있는 것 같아요.

　파리풀은 산과 들의 약간 그늘진 곳을 좋아해요. 사람 무릎 높이쯤 자라는데, 꽃차례가 참 신기하고 재미있어요. 꽃봉오리는 위를 보는데, 꽃은 옆으로 피었다가 약간 처지고, 열매는 매달리듯 처져서 줄기에 착 달라붙거든요.

　왜 그럴까요? 꽃봉오리가 맺혀 꽃이 피기 시작하면 곤충 눈에 잘 띄어야 해요. 꽃가루받이한 꽃은 처져서 자리를 양보하고, 열매가 아래로 달라붙듯 매달리는 건 사람이나 동물이 스치기만 해도 씨가 잘 떨어지게 하려고 그래요.

파리풀 꽃_ 7월 30일

파리풀 잎_ 6월 2일

파리풀 열매_ 8월 31일

파리풀_ 8월 31일

8~9월에 파리풀이 있는 곳을 지나가면, 바지나 신발에 파리풀 열매가 달라붙어요. 파리풀 열매 끄트머리가 갈고리 모양이기 때문이죠. 열매가 떨어지기 쉽게 처진데다 갈고리까지 만들었으니 달라붙는 건 문제없어요. 움직이지 못하는 식물은 저마다 생존 전략이 있기 때문에 주어진 환경에서 자손을 퍼뜨리며 살죠.

자연에는 눈만 돌리면 온갖 신비를 찾아낼 수 있어요. 하지만 사랑과 관심이 없으면 아무것도 보이지 않는 게 자연이에요.

질경이 _풀 내 나는 제기

질경이과 | 여러해살이풀
꽃 빛깔 : 흰빛
꽃 피는 때 : 5월 말~8월
크기 : 10~50cm

질경이는 어린 친구들도 제법 잘 알아요. 질경이 잎을 뜯어 실 같은 섬유소를 뽑은 다음 엇갈리게 걸어, 누구 것이 질긴지 잡아당기기 놀이를 해본 친구들도 있어요.

질경이는 들판이나 길섶, 집 둘레, 산길에서 흔히 보여요. 차가 다니는 길에도 잘 자라는데, 밟혀도 죽지 않아 목숨이 질기다고 질경이라 해요. 옛날에는 질경이가 말라 죽은 해에 큰 가뭄이 든다고 생각했어요. 산에서 길을 잃었을 때, 질경이가 보이면 마을이 가까이 있다고 마음을 놓았고요. 질경이는 '차전초'라고도 하는데, 왜 이런 이름이 붙었을까요?

옛날 중국의 한 장군이 적을 쫓아가는데, 심한 가뭄이 들었어요. 식량은 바닥나고, 마실 물은 없고, 병사들과 말은 피오줌을 누다가 쓰러졌어요. 그 바람에 마부가 말을 찾으러 갔는데, 수많은 말 가운데 오직 세 마리가 멀쩡했어요. 가만 보니까 말이 마차 앞에 있는 풀을 뜯어 먹더래요. 마부가 그 풀을 삶아 먹어보니, 신기하게도 피오줌이 멎고 기운이 났어요.

마부는 얼른 달려가 장군한테 알렸어요. 장군이 모든 병사한테 그 풀을 삶아 먹게 하고, 아픈 말한테도 먹였어요. 병사와 말이 씻은 듯 낫고, 전쟁에서 크게 이겼대요. 그 뒤부터 이 풀을 마차 앞의 풀이라고 차전초(車前草)라 했대요. 길섶에서 잘 자란다고 '길짱구' '길장귀'라고도 하고, '배짜개' '빼뿌쟁이' '빼빼장이'라는 이름도 있어요.

질경이, 잎이 뿌리에서만 난다._ 9월 3일

질경이 열매_ 11월 1일

질경이 씨_ 10월 22일

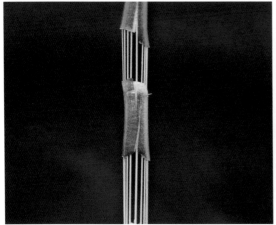

질경이 베 짜기 놀이_ 7월 13일

질경이 제기차기_ 9월 21일

개질경이, 잎에 흰 털이 많다._ 7월 27일

창질경이, 잎과 꽃이 창 모양을 닮았다._ 5월 1일

창질경이, 잎이 좁고 길다._ 10월 13일

갯질경 뿌리잎_ 7월 12일

갯질경. 갯가에서 자란다._ 7월 31일

질경이를 뿌리째 말린 걸 차전초, 씨는 차전자라 해서 약으로 써요. 질경이는 무기질과 단백질, 비타민, 당분 등이 많아 나물로 먹어요. 일본에서는 가래 삭이는 약을 질경이로 만든다니 대단한 풀이죠?

어릴 때는 질경이를 뽑아서 제기차기하고 놀았어요. 숲해설가 교육을 할 때 질경이로 제기차기를 하면 사람들이 좋아해요. 제기 차는 솜씨를 뽐내며 아이처럼 즐거워하죠. 이때 질경이 뿌리까지 관찰한 다음 제기차기하는 거, 잊지 마세요. 뿌리는 실뿌리, 잎은 뿌리에서만 나고 원줄기가 없으며, 꽃대는 잎 사이에서 쑥 올라와요.

잎에 흰 털이 많고 바닷가에서 잘 자라는 개질경이, 꽃과 잎이 창 모양을 닮은 창질경이도 있어요. 이름이 비슷하고 바닷가에서 자라는 갯질경은 갯질경과에 들어요.

쥐오줌풀 _쥐 오줌 냄새가 난대요

마타리과 | 여러해살이풀

꽃 빛깔 : 연붉은빛, 흰빛
꽃 피는 때 : 4월 말~6월
크기 : 40~80cm

비가 부슬부슬 오는데 풀꽃 동무를 만나 불모산으로 갔어요. 비 올 때는 또 다른 모습이 있으니까요. 빗방울이 풀잎에 떨어져 또르르 구르는 모습, 거미줄에 빗방울이 맺힌 모습, 나비나 하루살이 같은 친구들이 풀잎 뒤에 숨어서 비를 피하는 모습도 볼 수 있죠.

허 황후(김수로왕의 비 허황옥)가 아홉 아들 가운데 일곱 아들을 입산시켜서 불모(佛母), 이 산을 불모산이라 하죠. 산자락에 다다르니 안개가 휘휘 지나다니더군요. 바람이 불면 안개가 한쪽으로 쏠리듯 하얗게 날아가는데, 그 모습을 보고 있으려니 신선이라도 된 기분이었어요. 분위기에 흠뻑 취해 산길을 걷는데, 앞서가던 동무 하나가 소리쳤어요.

"이것 좀 보세요! 이게 무슨 꽃이에요?"

비를 맞으며 피어 있는 쥐오줌풀을 본 순간, 가슴이 어찌나 뛰던지…. 늘 보는 꽃은 정겨워서 좋고, 뜻하지 않게 만나는 꽃은 반갑기 그지없죠. 작은 꽃이 긴 꽃대 끝에 올망졸망 피어 아기 주먹만 한 꽃송이를 이뤘어요. 마주나고 톱니가 있는 잎은 비를 맞아 더 싱싱했고요.

쥐오줌풀은 뿌리에서 쥐 오줌 냄새가 난다고 붙은 이름이라는 얘길 들려줬어요. 사람들이 말했어요.

"난 쥐 오줌 냄새를 맡아보지 않았는데…."

"햄스터 오줌 냄새는 맡아봤어요."

쥐오줌풀_ 5월 9일

쥐오줌풀 싹_ 4월 30일

넓은잎쥐오줌풀_ 5월 6일

넓은잎쥐오줌풀 잎_ 5월 7일

노루오줌, 줄기가 꼿꼿하게 선다._ 8월 24일

노루오줌 잎_ 5월 7일

숙은노루오줌, 꽃줄기가 살짝 휜다._ 6월 7일   숙은노루오줌 잎_ 4월 21일

    동무들은 쥐 오줌이나 사람 오줌이나 비슷한 냄새가 나지 않을까 하며 웃었어요. 쥐오줌풀보다 잎이 조금 넓은 넓은잎쥐오줌풀도 있어요.

    뿌리에서 노루 오줌 냄새가 나는 노루오줌은 범의귀과에 드는 여러해살이풀이죠. 뿌리 냄새까지 맡아가며 이름을 지었다니 참 뜻밖이에요. 노루오줌은 줄기에 갈색 털이 많아요. 숙은노루오줌은 노루오줌보다 꽃 빛깔이 연하고, 꽃줄기가 옆으로 숙이듯 살짝 휘어요.

잔대 _잠만 잔대요

초롱꽃과 | 여러해살이풀
꽃 빛깔 : 보랏빛
꽃 피는 때 : 7월 말~9월
크기 : 40~100cm

잔대는 초롱꽃과에 드는 여러해살이풀에요. 봄에 싹이 나서 가을에 꽃이 피고 서서히 시들죠. 뿌리가 살아남아 이듬해 다시 싹이 나고요. 작은 보랏빛 초롱을 조랑조랑 매단 것 같은 꽃이 피어요.

잔대는 종류에 따라 꽃 크기와 피는 때가 조금씩 달라요. 가을 산에서 보랏빛 종 모양 꽃이 보이면 잔대 종류일 가능성이 있어요. 비슷한 꽃으로 모시대나 도라지모시대가 있지만, 이 둘은 주로 높은 산에 자라고 잔대보다 일찍 피거든요. 잔대 종류에는 잔대, 당잔대, 층층잔대, 가야산잔대, 섬잔대 등이 있어요. 하지만 이들을 정확히 알기는 쉽지 않아요.

어릴 때 소한테 풀을 먹이러 갔다가 잔대를 캐서 먹곤 했죠. 잎은 나물로 먹고, 뿌리는 껍질을 벗겨 그대로 먹거나 반찬을 만들기도 했어요. 잔대 뿌리는 도라지처럼 쓰지 않아 아이들한테 군음식으로 좋았어요. 잔대가 보이면 나무 꼬챙이 같은 것으로 캐서 껍질을 벗기고 씹어 먹었어요.

그때는 잔대가 이렇게 예쁜 꽃이 피는 줄도 몰랐죠. '그때 왜 잔대 꽃을 못 봤을까?' 생각해보니, 꽃이 필 즈음에는 농사일 거드느라 산에 갈 틈이 없었어요.

왜 잔대라는 이름이 붙었을까요? 잔대 꽃이 술이나 차를 따라 마시는 잔을 거꾸로 달아놓은 것 같긴 해요. 열매에 꽃받침이 붙은 게 잔과 잔 받침(잔대) 같다는 생각이 들기도 하고요. 옛날에 등잔을 놓아둔 기구도 등

잔대, 암술대가 쑥 나오고 꽃통 아래가 넓다._ 8월 24일

잔대 종류 잎, 변이가 많다._ 4월 17일

층층잔대_ 8월 24일

층층잔대 잎_ 8월 13일

당잔대_ 9월 22일

당잔대 뿌리잎, 잎자루가 길고 콩팥 모양_ 9월 24일

잔대 종류 열매_ 10월 16일

가야산잔대_ 7월 30일　　　　　　　　　　　　　　　　　가야산잔대 잎_ 7월 30일

잔대라 했잖아요.

　지역에 따라 잔대를 '딱주' '사삼' '잔다구'라고도 해요. 예부터 잔대는 '사삼'이라 해서 인삼, 현삼, 단삼, 고삼과 함께 다섯 가지 삼 가운데 하나로 꼽았어요. 뿌리가 인삼 뿌리를 닮았죠. 그만큼 민간 보약으로 널리 썼다는 말이에요. 게다가 산삼처럼 아주 오래 사는데, 노두(뿌리에서 싹이 나오는 꼭지) 수를 세면 얼마나 오래 살았는지 알 수 있어요. 뿌리에서 싹이 나고 꽃대가 자라 해마다 고운 꽃을 피우는 잔대를 보고 누가 그러더군요.

　"쟤는 잠만 잔대요!"

초롱꽃 _초롱 닮은 꽃

초롱꽃과 | 여러해살이풀
꽃 빛깔 : 노란빛 도는 흰빛, 연자줏빛
꽃 피는 때 : 5월 말~8월
크기 : 30~80cm

혼자 산길을 내려오다가 산비탈에 무더기로 핀 초롱꽃을 봤어요. 어찌나 반가운지 정신없이 올라갔죠. 초롱꽃을 한참 보다가 돌아서는데, 내려갈 일이 걱정이지 뭐예요. 앞뒤 재지 않고 올라온 산비탈이 무척 가팔랐거든요. 내려갈 엄두가 나지 않아 싸리나무를 붙잡고 앉아서 마음을 가다듬었어요. 쪼그리고 앉아 초롱꽃을 돌아보는데, 어릴 때 일이 생각났어요.

초여름 한낮, 산에 소를 풀어놓고 동무끼리 골짝을 누비며 놀다가 초롱꽃이 활짝 핀 걸 봤어요. "어마, 이쁘다!" 하며 쪼그려 앉으니, 마을 언니가 다가와서 말하더라고요. "잘됐다. 개미한테 초롱꽃에 불 켜달라고 하자!" 우리는 초롱꽃 속에 개미를 한 마리씩 넣고 밖으로 나오지 못하게 꽃을 살짝 틀어쥐었어요. "개미야, 개미야, 불 켜라! 청사초롱에 불 켜라!" "개미야, 개미야, 불 켜라! 각시방에 불 켜라!" 꽃을 아래위로 흔들며 몇 번이나 졸랐을까, 얼마 뒤 개미가 정말로 불을 켰어요.

나중에 알고 보니 개미가 불을 켠 게 아니었어요. 초롱꽃 군데군데 불을 켠 듯 볼그레해진 건 개미가 포름산을 내놓아 꽃 색깔이 바뀌었기 때문이래요. 꽃에 갇힌 개미가 얼마나 무섭고 어지러웠으면, 적과 싸울 때 쓰는 액체를 내놓았을까요?

초롱꽃 전설도 생각났어요. 옛날에 종지기 노인이 있었어요. 젊을 때 싸움터에서 무릎을 다친 노인은 종지기가 되어 하루도 빠짐없이 깨맛침 종

초롱꽃, 꽃이 4~8cm로 섬초롱꽃보다 길다._ 5월 30일

초롱꽃 잎_ 6월 15일

섬초롱꽃, 꽃이 3~5cm_ 6월 8일

섬초롱꽃 잎, 윤기가 난다._ 5월 8일

섬초롱꽃, 흰 꽃도 있다._ 5월 26일

섬초롱꽃으로 만든 밥_ 6월 3일

금강초롱꽃_ 8월 28일

을 쳤어요. 그 시간이 어찌나 정확한지, 사람들은 종소리를 듣고 성문을 여닫고 밥을 먹고 일했죠.

어느 날 마을에 새 원님이 왔는데, 종소리가 듣기 싫다며 종을 그만 치라고 했어요. 노인은 종각에 올라 종을 쓰다듬으며, 마지막으로 종 칠 시각만 기다렸죠. '식구 하나 없이 종 치는 기쁨으로 살았는데, 종을 못 치면 무슨 낙으로 산단 말인가?' 노인은 떨리는 손으로 종을 쳤어요. 마지막 종소리가 마을에 울려 퍼지자, 노인의 눈에서 참았던 눈물이 흘러내렸어요. 노인은 그만 발을 헛디뎌서 종각 아래로 떨어져 죽고 말았어요. 얼마 뒤 그 자리에 종 모양 초롱꽃이 피어났대요.

초롱꽃보다 꽃이 짧고 자줏빛 얼룩점이 있는 섬초롱꽃, 높은 산 바위틈에 자라는 금강초롱꽃도 있어요. 초롱꽃은 가지 끝에 피는 꽃이 막대 끝에 매달아 들고 다니던 초롱을 닮아서 붙은 이름이에요. 초롱 하면 푸른색 천을 두른 청사초롱을 떠올리는 사람이 많아요. 청사초롱은 조선 시대에 벼슬아치가 어떤 의식이나 밤길을 밝히는 데 썼어요. 더 높은 벼슬아치는 붉은색 천을 두른 홍사초롱을 썼대요.

떡쑥 _내가 정말 떡 해 먹는 풀

국화과 | 두해살이풀
꽃 빛깔 : 흰빛 도는 노란빛
꽃 피는 때 : 4~6월
크기 : 15~40cm

쑥 종류는 대개 잎이 많이 갈라지는데, 떡쑥은 쑥처럼 갈라지지 않고 모습도 달라요. 언젠가 큰집에 갔을 때, 형님이 봉지 하나를 내밀더군요.

"동서, 떡순이지? 이거 개쑥으로 만든 떡인데 먹어봐. 시골에서 보내왔기에 동서 생각나서 남겨뒀어."

맛을 보니 이제까지 먹어본 쑥떡보다 차지고 맛있었어요.

"형님, 개쑥이 어떤 쑥이죠? 개쑥은 처음 들어봐요."

형님이 웃으며 생긴 꼴을 말해주는데, 아무래도 떡쑥 같았어요. 점심 먹고 산책하러 나가서 아파트 뜰을 찬찬히 살폈어요. 떡쑥은 아파트 잔디밭에도 더러 있거든요. 아니나 다를까, 단풍나무 아래 솜털이 뽀얀 떡쑥이 보이더라고요.

"형님, 혹시 이걸 개쑥이라고 했어요?"

"맞네! 그거 개쑥 맞아."

"우린 떡쑥이라고 하는데, 형님 마을에서는 개쑥이라 하나 봐요."

형님이 고개를 끄덕끄덕했어요. 그걸 알고 나니 참 귀한 떡을 먹었다 싶었어요. 저 작은 풀을 뜯어 떡을 했으니, 정성이 이만저만 들어간 게 아니잖아요.

떡쑥은 떡을 해 먹는 쑥이라고 붙은 이름이에요. 떡쑥은 쑥하고 다르게 다문다문 흩어져 자라요. 전체가 흰 솜 같은 솜털로 덮여 '솜쑥'이라고도

떡쑥_ 5월 18일

떡쑥 뿌리잎_ 11월 26일

떡쑥 잎_ 4월 5일

풀솜나물_ 9월 20일

풀솜나물 잎_ 10월 21일

풀솜나물 열매_ 9월 19일

해요. 떡쑥처럼 잎이 솜털로 덮인 풀솜나물도 있어요. 떡쑥은 대개 들이나 길가, 빈터에서 자라는데, 잎을 찢어보면 하얀 솜털 같은 게 늘어져요. 이름 앞에 '떡'을 내세운 까닭이 충분하죠. 하얀 솜털 덕에 떡을 하면 차지고 맛있으니까요.

'아, 떡쑥으로 한 떡, 먹고 싶어라!'

담배풀 _담배 피우는 아이

국화과 | 두해살이풀
꽃 빛깔 : 연노란빛
꽃 피는 때 : 8~10월
크기 : 50~100cm

꽃이 담뱃대를 닮아서 담배풀이에요. 이파리가 담배를 만드는 담배 이파리와 비슷하기도 하고요. 담배풀 종류에는 담배풀, 좀담배풀, 긴담배풀, 두메담배풀 따위가 있어요.

처음에 긴담배풀을 보고 돌아가신 할머니가 생각났어요. 할머니는 담배를 피우고 나면 긴 담뱃대를 재떨이에 대고 톡톡 쳤거든요. 그러면 할머니가 담배를 다 피웠다는 걸 알아채고, 담뱃대를 달라 해서 뻐끔뻐끔 담배 피우는 시늉을 했죠.

오래전에 풀꽃 친구들하고 산에 갔을 때예요. 늦가을이라 꽃이 조금 남아 있었는데, 길섶에서 긴담배풀을 봤어요. 한 친구가 풀 이름이 뭐냐고 물어서, 대답 대신 뻐끔뻐끔 담배 피우는 흉내를 냈죠. 눈을 말똥거리던 친구가 말했어요.

"선생님, 이거 담배꽃이나 담배풀 아니에요?"

담배풀이 맞고, 정확한 이름은 긴담배풀이라고 했어요. 친구들이 이름이 재미있대요. 이름을 맞힌 친구한테 어떻게 알았는지 물어봤어요. 줄기 끝에 핀 꽃이 담뱃대를 닮았고, 자꾸 담배 피우는 시늉을 하니 담배하고 관계가 있을 것 같았다고 하더라고요.

그 뒤 진짜 담배풀을 봤는데, 긴담배풀보다 작은 꽃이 줄기에 줄줄이 달렸어요. 그걸 보니 '골초 담뱃대' 하면 되겠다 싶어 어찌나 우습던지요. 담

담배풀, 꽃이 잎겨드랑이에 달린다._ 9월 15일

담배풀 뿌리잎_ 5월 1일

담배풀 꽃_ 8월 29일

283

좀담배풀_ 9월 23일

좀담배풀 뿌리잎_ 3월 29일

좀담배풀 열매, 지름이 1.5~1.8cm_ 11월 4일

좀담배풀 꽃_ 8월 29일

좀담배풀_ 8월 2일

긴담배풀, 꽃 지름이 0.6~0.8cm_ 9월 9일

긴담배풀 뿌리잎_ 6월 9일

두메담배풀, 깊은 산에서 자란다._ 7월 28일

두메담배풀 뿌리잎_ 5월 31일

배풀 종류는 씨앗이 익으면 귀찮아요. 아주 작은 씨앗이 옷에 다닥다닥 붙거든요. 씨에 기름기가 있어서 만지면 끈적끈적 도로 달라붙어, 떼기가 쉽지 않아요. 담배 피우던 사람이 담배를 끊기 힘든 것처럼요.

담배풀은 어릴 때 나물로 먹고, 약으로도 써요. 몸에 해로운 담배하고 사뭇 다르죠?

솜나물 _솜나물, 너였어?

국화과 | 여러해살이풀
꽃 빛깔 : 흰빛(뒷면은 연붉은빛)
꽃 피는 때 : 봄형 3월 말~4월 | 가을형 10~11월
크기 : 봄형 10~20cm | 가을형 30~60cm

솜나물은 봄나물 가운데 하나예요. 이름에 '솜'이 들어가는 식물답게 어린 잎과 줄기에 털이 많아요. 봄에 보면 풀 전체가 뽀얀 솜 같은 털로 덮여서 솜나물이라 하죠. 잎이 솜털로 덮인 솜방망이도 있어요.

솜나물은 예전에 말려서 부싯깃으로 썼다고 '부싯깃나물'이라고도 해요. 부싯깃은 부싯돌을 쳐서 불똥이 튈 때, 불이 붙도록 갖다 대는 걸 말해요. 부싯깃으로 쓰기는 솜이 좋지만, 솜이 흔치 않으니 쑥이나 솜나물, 부싯깃고사리 따위를 썼대요. 모두 솜 같은 털이 많은 풀이죠. 특히 잎 뒷면에 하얀 거미줄 같은 털이 많아요. 우리 조상은 이런 풀을 말렸다가 비벼서 부싯깃으로 썼어요. 그러니 지금 우리가 풀꽃을 보는 느낌하고 사뭇 달랐을 거예요.

솜나물은 봄에 보는 모습과 가을 모습이 달라요. 오래전 늦가을, 산비탈에 무 잎처럼 갈라진 잎이 있었어요. 앞면은 윤기가 반지르르했죠. 꽃도 없고, 마른 흔적도 없어서 처음 본 풀인가 싶었어요. 씨가 익어 갓털이 연한 밤색으로 일어난 모습이 작은 솜사탕 같아서 얼마나 신기한지요.

나중에 알고 보니 솜나물 가을 모습이더라고요. 솜나물 가을꽃이 지고 씨가 영글어 밤색 솜사탕 같았죠. 솜나물은 이른 봄에 꽃이 피고 지는데, 가을에 꽃잎이 벌어지지 않는 닫힌 꽃이 다시 올라와요. 한 식물에서 다른 철에 서로 다르게 생긴 꽃이 따로 피니, 참 신기해요. 다음에 그곳에 가서

솜나물 꽃 _ 3월 21일

솜나물 잎, 하얀 털이 있다._ 4월 27일

솜나물 봄형 열매_ 4월 25일

솜나물 가을형 닫힌 꽃과 열매_ 10월 5일

솜나물 겨울 모습_ 12월 10일

솜방망이 잎_ 3월 11일

솜방망이 열매_ 5월 26일

솜방망이_ 5월 1일

솜나물을 보고 말했죠.

    "솜나물, 너였어?"

도꼬마리 _가시 달린 럭비공

국화과 | 한해살이풀
꽃 빛깔 : 연노란 풀빛
꽃 피는 때 : 8~9월
크기 : 15~100cm

도꼬마리는 밭둑이나 길옆에서 자라는 한해살이풀이에요. 초등학교 교과서에도 나오죠. 도꼬마리는 한 그루에 암꽃과 수꽃이 따로 피고, 열매도 도꼬마리라 해요. 도꼬마리는 어른이나 아이 모두 신기해해요. 럭비공 닮은 열매가 생김새도 특이한데, 옷에 잘 달라붙으니까요. 친구한테 도꼬마리를 붙여놓고 킥킥대는 친구도 있어요. 스웨터나 부직포에 던지기 놀이를 하면 재미있죠.

도꼬마리는 열매 겉에 갈고리 같은 가시가 있어서 동물 털이나 사람 옷에 잘 붙어요. 도꼬마리처럼 어디에 붙어 씨앗을 퍼뜨리는 식물은 이로운 점이 많아요. 예를 들어 고양이 털에 붙어 씨를 퍼뜨리면, 처음에 붙는 곳과 씨앗이 떨어질 곳의 환경이 비슷한 때가 많죠. 동물은 대개 자기 영역에 사니까요. 그러니 멀리 가게 하면서도 엄마 도꼬마리가 살던 곳과 비슷한 환경에 살 가능성이 커요.

열매 겉에 짧은 가시가 성긴 건 도꼬마리, 긴 가시가 촘촘한 건 큰도꼬마리예요. 도꼬마리 씨는 어디 있을까요? 가시 숭숭 달린 럭비공 모양 전체가 씨라고요? 아니, 이건 열매예요. 열매껍질을 벗기면 안에 해바라기 씨처럼 길쭉한 씨가 두 개 들었어요. 하나는 크고 하나는 조금 작아요. 왜 그럴까요? 싹이 나는 때를 달리하려고요. 껍질이 조금 얇고 큰 씨가 싹이 먼저 나고, 작은 씨는 늦게 싹이 나요. 그래야 먼저 난 도꼬마리가 잘못되

도꼬마리 꽃과 열매_ 9월 6일

도꼬마리 열매_ 10월 8일

큰도꼬마리_ 9월 25일

큰도꼬마리 잎_ 9월 9일

큰도꼬마리 열매, 겉에 윤기가 나고 긴 가시가 많다._ 9월 21일

큰도꼬마리 열매, 씨가 2개 들었다._ 12월 12일

더라도, 늦게 난 도꼬마리가 살아서 자손을 퍼뜨릴 확률이 높아지니까요. 도꼬마리에 이런 재미난 비밀이 있다는 게 정말 신기해요.

풀꽃지기는 산이나 들에 가는 걸 좋아해요. 새소리 듣고, 맑은 공기를 마시고, 자연에서 모르는 걸 배우는 재미가 어떤 즐거움보다 크거든요.

'찍찍이'라고도 하는 벨크로 테이프 알죠? 끈이나 단추 대신 붙였다 떼었다 하는 테이프요. 벨크로 테이프는 도꼬마리 성질을 보고 만든 발명품이에요. 바지에 붙은 열매를 보고 생활에 필요한 물건을 발명한 지혜가 놀랍죠? 이걸 가르쳐준 자연은 더 놀랍고 대단해요.

미역취 _미역 맛 나는 산나물

국화과 | 여러해살이풀

꽃 빛깔 : 노란빛
꽃 피는 때 : 8∼10월
크기 : 20∼80cm

가을 산에서 발길을 멈추게 하는 꽃이 있어요. 산길 옆이나 산소 같은 데서 보이는 미역취죠. 산에서 자라는데 왜 이름에 '미역'이 붙었을까요? 잎을 먹으면 미역 맛이 나는 나물이어서 미역취예요. 새끼를 낳은 돼지한테 미역취를 넣어 끓인 먹이를 주면 산모가 미역국을 먹는 효과가 있다고 '돼지나물'이라고도 해요. 각시취, 곰취, 단풍취, 참취, 수리취, 개미취처럼 취나물 종류에 든다고 미역 뒤에 산나물을 뜻하는 '취'가 붙었어요.

오래전에 꽃을 좋아하는 사람들하고 산에 갔어요. 미역취가 곱게 핀 때였는데, 미역취가 왜 미역취인지 아무도 몰랐어요. 꽃이나 잎을 들여다보며 미역하고 닮은 구석을 찾느라 애썼죠. 그때 한 사람이 미역취 잎을 먹어보더니, 다른 사람들한테 건넸어요. 맞아요, 미역취 잎을 씹어보니 입안에 미역 맛이 훅 돌았어요.

미역취는 꽃대 위로 모여 핀 꽃이 마치 꽃방망이 같아요. 미역취의 영어 이름에는 '황금색 작은 가지'라는 뜻이 있어요. 약으로 쓸 때 '일지황화'라는 이름도 같은 뜻이죠. 어때요, 미역취가 황금 가지처럼 보이나요?

식물 이름은 이렇게 꽃을 보고 짓기도 하고, 맛을 보고 짓기도 해요. 그러니 꽃을 볼 때 무턱대고 이름을 외우려고 하기보다, 왜 이런 이름이 붙었는지 놀이처럼 찾다 보면 친해지기 쉬워요.

미역취는 국화과에 드는 여러해살이풀로, 우리나라 어디서나 흔히 자라

미역취_ 9월 29일

미역취 잎_ 4월 11일

양미역취 잎_ 4월 26일

미국미역취 잎, 톱니가 날카롭다._ 8월 18일

양미역취_ 10월 14일

미국미역취_ 8월 18일

요. 어린순은 봄에 참취처럼 나물로 먹고, 말렸다가 묵나물로도 먹어요. 맛과 향이 좋아 찾는 사람이 많죠. 요즘은 길가나 빈터에서 양미역취와 미국미역취가 많이 보여요.

가끔 '전통 산채비빔밥'이라고 간판을 내건 식당에 가보면 미역취, 참취, 고사리 같은 산나물 대신 도라지나 호박처럼 밭에서 가꾼 나물이 올라올 때가 있어요. 산 기운 담뿍 담긴 산나물 돌솥비빔밥이 먹고 싶네요.

쑥부쟁이 · 구절초 _쑥을 뜯는 불쟁이네 딸

쑥부쟁이

국화과 | 여러해살이풀

꽃 빛깔 : 연자줏빛
꽃 피는 때 : 7∼10월
크기 : 30∼100cm

구절초

국화과 | 여러해살이풀

꽃 빛깔 : 흰빛, 분홍빛
꽃 피는 때 : 9∼10월
크기 : 50cm

쑥부쟁이 종류는 사람들이 흔히 들국화라 하죠. 들국화라는 꽃은 없지만, 예부터 들에 피는 국화과 식물을 뭉뚱그려 불러요. 사람들이 들국화라고 하는 꽃이 한두 가지가 아니지만, 대개 쑥부쟁이 종류와 구절초 종류, 산국이나 감국 정도예요.

들국화 중에서 자줏빛 꽃이 피는 건 쑥부쟁이 종류, 흰빛이나 분홍빛을 띠는 건 구절초 종류로 보면 대충 맞아요. 구절초는 중양절(음력 9월 9일)에 꺾어서 술을 담그거나 약으로 쓰면 좋다고 구절초라 해요. 이때 뜯은 것이 약효가 좋대요.

쑥부쟁이는 전설이 있어요. 옛날 어느 마을에 가난한 대장장이가 살았어요. 그 집에는 자식이 열한 명이나 됐죠. 집안이 가난하다 보니 맏딸은 산과 들에 나가 쑥을 부지런히 뜯었어요. 동네 사람들이 그 모습을 보고 '쑥을 뜯으러 다니는 불쟁이(대장장이)네 딸'이라고 쑥부쟁이라 불렀어요.

어느 날 멧돼지를 잡으려고 파놓은 함정에 빠져 허우적대는 총각을 쑥부쟁이가 도와줬어요. 총각은 한양에 있는 양반집 아들인데, 사냥하러 왔다가 일을 당했죠. 쑥부쟁이랑 총각은 서로 좋아했어요. 총각은 이듬해 가을에 다시 오겠다는 약속을 하고 한양으로 떠났어요.

'어서 내년 가을이 왔으면….' 쑥부쟁이는 총각을 기다리며 열심히 살았어요. 드디어 가을이 됐어요. 쑥부쟁이는 하루도 거르지 않고 총각을 만난

쑥부쟁이_ 9월 30일

쑥부쟁이 순_ 5월 3일

쑥부쟁이 열매_ 11월 4일

구절초_ 10월 18일

구절초 싹_ 3월 24일

구절초 뿌리잎_ 10월 1일

산에 올라갔어요. 그러나 총각은 보이지 않았어요. 가을이 몇 번 지나도록 총각은 나타나지 않았죠. 그사이에 쑥부쟁이는 동생이 둘이나 더 생겼고, 어머니는 병이 나서 몸져누웠어요. 쑥부쟁이도 걱정과 그리움으로 몸과 마음이 아팠어요.

쑥부쟁이는 총각 생각에 결혼할 수도 없었어요. 어느 날 총각을 생각하며 쑥을 뜯다가, 그만 발을 헛디녀 절벽 아래로 떨어져 죽고 말았어요. 그 뒤 쑥부쟁이가 죽은 언덕 아래 나물이 돋았어요. 사람들은 동생들 주린 배를 채워주려고 나물로 돋았다고 이 꽃을 쑥부쟁이라 했어요.

봄에 시장에 가면 쑥부쟁이 어린잎을 소쿠리에 놓고 파는 할머니를 볼 수 있어요. 묵나물로 먹어도 맛있죠. 쑥부쟁이는 들이나 산골짜기에서 물기가 있는 곳을 좋아해요.

참취 _산나물의 왕

국화과 | 여러해살이풀

꽃 빛깔 : 흰빛
꽃 피는 때 : 7~10월
크기 : 70~150cm

참취는 향긋한 산나물이에요. 흔히 취나물이라 하죠. 시장에서 취나물이라고 파는 나물이 참취일 때가 많아요. 식물 이름 끝에 '취'가 붙으면 대개 먹는 나물이에요. 취는 산나물을 통틀어 이르는 말이기도 해요.

취나물 종류에는 각시취, 단풍취, 은분취, 버들분취, 곰취, 수리취, 벌개미취 등이 있어요. 모두 잎을 나물해 먹고, 묵나물로 대보름에 복쌈을 먹기도 해요. 참취는 취나물 가운데 가장 맛있고, 어디나 흔해서 기준이 되니 이름에 '참'이 붙었어요. 봄에 어린순과 부드러운 잎을 데쳐서 무치거나 볶으면 향과 맛이 입맛을 돋우죠. 생으로 먹거나, 데쳐서 쌈으로 먹어요.

언젠가 봄에 산에 가기로 한 날이에요. 김밥을 싸기 번거롭고, 자주 먹으니 질리기도 해서 참취쌈밥을 만들었어요. 도시락에 담긴 참취쌈밥을 보더니, 너도나도 산에서 가장 잘 어울리는 밥이라며 만드는 방법을 가르쳐달라고 했어요.

1. 씻은 잡곡을 불려서 고슬고슬하게 밥을 짓는다.
2. 밥에 소금, 참기름, 깨소금을 넣고 양념해서 주먹밥을 만든다.
3. 데친 참취는 찬물에 헹궈 물기를 짜고, 참기름과 소금으로 양념한다.
4. 양념한 참취 잎으로 주먹밥을 싼다.

참취_ 9월 4일

참취 잎_ 4월 13일

참취 묵나물과 여러 가지 나물_ 10월 24일

만든 과정을 말하고 나니 참취쌈밥이 두 개밖에 남지 않았더군요. 후후! 그래도 처음 만든 걸 맛나게 먹어줘서 기분이 좋았어요.

참취 꽃은 늦여름부터 가을까지 피는데, 하얀 혀 모양 꽃부리가 쑥부쟁이나 구절초보다 성기고 엉성해요. 이 모습이 더 참취다워서 사랑스런 꽃이죠. 요즘은 텃밭이나 뜰에 참취를 심어 가꾸는 사람이 많아서 꽃을 보기도 쉬워요.

단풍취_ 9월 23일

단풍취 잎_ 4월 18일

벌개미취_ 7월 6일

벌개미취 싹_ 4월 1일

수리취_ 8월 17일

수리취 잎, 수리취떡을 해 먹는다._ 4월 19일

곰취_ 7월 27일

곰취 잎, 잎이 크다._ 5월 9일

버들분취, 위쪽 잎이 버들잎을 닮았다._ 9월 20일

버들분취 잎_ 4월 1일

각시취, 꽃이 작고 예쁘다._ 8월 23일

각시취 잎_ 8월 23일

은분취_ 9월 29일

은분취 뿌리잎_ 9월 29일

갯취_ 6월 12일

갯취 잎_ 5월 1일

개망초 _달걀 꽃

국화과 | 두해살이풀
꽃 빛깔 : 흰빛
꽃 피는 때 : 5~10월
크기 : 30~100cm

개망초를 아는 사람은 많은데, 망초를 제대로 아는 사람은 적어요. 망초와 개망초는 둘 다 고향이 북아메리카예요. 망초는 평지나 언덕을 가리지 않고 두루 자라고, 여름에 한창 꽃이 핀답니다. 꽃이라고 하면 보통 화려해서 눈길을 끌거나 향기가 좋은데, 망초 꽃은 워낙 작아서 눈에 잘 띄지 않아요. 풀꽃지기도 이번에 알았는데, 망초 꽃이 생각보다 훨씬 귀엽더라고요. 작은 꽃이 어찌나 앙증맞은지 지금까지 보잘것없는 꽃이라고 생각한 게 미안할 정도였어요.

망초는 왜 이런 이름이 붙었을까요? 번식력이 좋아 밭에 나서 자라면 농사를 망치는 풀이라고 망초예요. 우리나라가 일본한테 나라를 빼앗겼을 때, 낯설고 보기 싫고 쓸모없는 풀이 여기저기 자라서 나라가 망했을 때 돋아난 풀이라고 '망국초'라 하다가 망초가 됐다고도 하죠.

개망초는 음식 솜씨가 좋은 사람이 달걀 프라이를 예쁘게 해놓은 것 같은 꽃이라고 '달걀꽃'이라고도 해요. 꽃 하나는 작지만, 무리 지어 핀 모습은 어느 꽃 못지않게 아름다워요. 개망초는 꽃 모양과 빛깔이 귀여워, 소꿉놀이하는 아이들한테 인기 있어요. 아이들이 달걀 반찬을 좋아하는 것처럼요.

개망초도 번식력이 좋아서 밭에 퍼지기 시작하면 '농사를 다 망친다'는 뜻으로 개망초라 해요. 개망초 꽃이 지천으로 피면 보는 사람이야 좋지만,

개망초_ 7월 27일

개망초 잎_ 4월 14일

개망초 꽃다발_ 6월 12일

망초_ 7월 28일

망초 뿌리잎, 잎자루에 자줏빛이 돈다._ 11월 23일

망초 줄기잎_ 6월 8일

망초 줄기잎 잡채_ 6월 8일

큰망초._ 9월 1일

큰망초 뿌리잎, 짧은 털이 있다._ 2월 4일

실망초_ 7월 25일   실망초 뿌리잎, 털이 많다._ 3월 2일

농부한테는 귀찮은 일이니까요. 밭을 다 망치는 개망초와 망초는 농사짓지 않고 묵혀둔 밭을 뒤덮는 대표적인 풀이죠. 특히 망초는 농약을 쳐도 잘 죽지 않고, 심지어 불에 타 죽기 몇 분 전에도 씨앗을 만든대요. 망초보다 꽃이 조금 큰 큰망초, 잎이 실처럼 꼬인 실망초도 있어요.

  참, 개망초는 원예용으로 들여와 꽃집에서 팔던 꽃이에요. 한때 사랑받다가 새로운 꽃들한테 밀려난 거죠. 그러다 야생으로 번졌는데, 이렇게 도망치듯 번져서 자라는 풀을 이스케이프 잡초(escape weed)라 해요.

머위 _능청스러운 꽃

국화과 | 여러해살이풀
꽃 빛깔 : 연둣빛 띤 흰빛
꽃 피는 때 : 3~4월
크기 : 10~60cm

머위는 이른 봄에 입맛을 돋우는 나물로, '머우' '머구' '머웃대'라고도 해요. 나물을 무쳐 먹거나 쌈으로 먹어요. 쌈으로 먹는다는 말은 잎이 크다는 뜻이죠. 머위는 봄나물 가운데 유난히 잎이 큰 편이에요.

언젠가 봄에 밭둑을 지나는데, 머위가 밭 한 떼기나 돋았어요. 머위가 좋아하는 축축한 곳이었죠. 군데군데 솟은 꽃이 어찌나 귀여운지 두더지 잡기 게임이 떠올라 빙긋 웃었어요. 마치 방망이를 피해 머리를 쏙쏙 내민 두더지 같았거든요.

어떤 사람은 머위 꽃을 보고 이렇게 말하더군요. "참 능청스러운 꽃이야! 다른 꽃은 잎과 꽃이 한 줄기에서 나거나 모여 피는데, 머위 꽃은 잎과 뚝뚝 떨어져서 남처럼 피잖아." 머위는 땅속줄기가 이리저리 뻗으며 자라서, 땅 위에는 줄기가 없어요. 땅속줄기가 뻗다가 잎을 내고, 뻗다가 꽃을 피우니까 능청스럽게 보였나 봐요.

머위 꽃은 봄나물 캐는 산골 처녀 같기도 해요. 화사한 빛깔 다 놔두고 수수한 빛만 모아놓은 듯한 그 빛깔은 새로 느낀 봄빛이었어요.

그날 본 머위 잎이 어찌나 작고 연하고 부드러운지 뜯어 먹기에 딱 맞겠다 싶어 둘러보니, 아무래도 누가 가꾸는 것 같았어요. 침만 꿀꺽 삼키고 일어서는데, 갑자기 배가 꼬르륵거리지 뭐에요. 마침 장날이라 오일장에 들렀어요. 이것저것 구경하며 다니는데, 골목 귀퉁이에서 할머니가

머위_ 4월 4일

머위 잎_ 6월 4일

머위 나물_ 4월 1일

머위 줄기 나물_ 5월 16일

머위 잎을 팔더라고요. 얼른 한 소쿠리 샀죠. 집에 와서 데친 머위 잎에 된
장 싸서 밥 한 그릇 뚝딱 해치웠어요. 쌉싸름한 뒷맛이 어찌나 입맛을 돋
우던지.

얼마 뒤, 그 자리에 가봤어요. 듬성듬성 난 머위 잎이 무릎까지 자라서
둘레를 확 덮었지 뭐예요. 금세 뚝딱 자란 머위가 마법사 같았어요. '축축

—
314

털머위_ 10월 27일

털머위. 잎에 털이 많다._ 5월 31일

털머위 열매_ 1월 7일

한 곳에서 물을 맘껏 먹고, 그 큰 잎으로 광합성을 많이 한 결과구나!' 생
각하며 보니 머위도, 자연도 정말 고마웠어요. 대단한 일을 하니까요.
　어린잎과 잎 뒷면에 털이 많고 바닷가에서 자라는 털머위도 있어요. 털
머위는 먹지 않아요.

주홍서나물 · 붉은서나물 _얼마나 많이 번질까?

주홍서나물

국화과 | 한해살이풀

꽃 빛깔 : 주홍빛
꽃 피는 때 : 8∼10월
크기 : 30∼80cm

붉은서나물

국화과 | 한해살이풀

꽃 빛깔 : 연노란빛
꽃 피는 때 : 8∼10월
크기 : 50∼150cm

언젠가 시장에 갔는데, 할머니 한 분이 못 보던 나물을 팔았어요.

"할머니, 이거 무슨 나물이에요?"

"이거, 데쳐서 묵으마 향긋하다. 뭐시더라? 이름은 고마 잊아삐따."

냄새를 맡아가며 들여다보니 주홍서나물 이파리였어요. 그 순간 깜짝 놀랐어요. 주홍서나물은 고향이 아프리카로, 1980년대 이후 우리나라에 들어온 귀화식물이거든요. 시골 할머니가 이게 먹는 나물인 줄 어찌 아셨을까 싶었죠. 다른 나물 같으면 얼른 샀을 텐데, 어릴 때부터 먹던 게 아니라 그런지 선뜻 살 수가 없었어요. 맛도 낯가림을 하는지 젓가락이 가지 않을 것 같았거든요.

주홍서나물은 우리나라에 들어온 지 얼마 안 됐지만, 들이나 산기슭, 바닷가, 길 언덕 어디나 자라요. 주홍서나물 꽃을 보면 이름에 '주홍'이라는 말을 참 잘 넣었다 싶어요. 담배에 불을 붙여놓은 것처럼 발그레하거든요. 꽃이 주홍빛이고, 쇠서나물처럼 나물로 먹어서 주홍서나물이에요.

주홍서나물 꽃은 고개를 푹 숙이고 땅을 보는데, 왜 그럴까요? 꽃이 비에 젖지 않으려고 고개를 숙인 거예요. 할미꽃도 그런 까닭으로 고개를 숙이죠. 꽃이 지고 씨가 익을 때가 되면 서서히 고개를 들어요. 씨가 완전히 익으면 고개를 빳빳이 들죠. 씨를 바람에 날려 보내려고요. 씨가 익으면 솜털이 마구 엉킨 듯 지저분해요. 저 많은 씨가 어디로 날아가서 얼마나

주홍서나물_ 9월 27일

주홍서나물 잎_ 9월 26일

주홍서나물 씨, 갓털을 달고 날아간다._ 8월 13일

붉은서나물_ 9월 11일

붉은서나물 잎_ 9월 4일

붉은서나물 씨, 갓털을 달고 날아간다._ 9월 10일

쇠서나물_ 8월 24일

쇠서나물 잎_ 7월 8일

많이 번질까 싶어 지레 겁이 나요.

주홍서나물과 비슷한 붉은서나물도 있어요. 붉은서나물은 고향이 아메리카 대륙의 열대·아열대 지역으로, 1950년대에 우리나라에 들어온 귀화식물이에요. '붉은빛을 띠는 쇠서나물'이라는 뜻이죠. 주홍서나물과 붉은서나물은 언뜻 보면 비슷해요. 주홍서나물은 꽃이 고개를 숙이고, 붉은서나물은 위로 향한 게 다르죠. 붉은서나물 줄기가 불그레한 것도 다르고요.

쇠서나물은 본디 이 땅에 자라는 토박이 나물이에요. 잎이 거칠거칠한 게 소의 혀를 닮았다고 쇠서나물이라 해요.

개쑥갓 _ 먹지 않는 쑥갓

국화과 | 한두해살이풀
꽃 빛깔 : 노란빛
꽃 피는 때 : 3~11월
크기 : 5~30cm

어느 날 아침에 전화를 받았어요.

"출근할 때 울타리 밑에서 풀꽃을 봤는데, 이름을 모르겠어요. 노랗게 맺힌 꽃봉오리가 며칠 동안 피지 않더니, 오늘 보니 하얗게 피었어요. 키가 한 뼘 정도 되던데, 무슨 꽃이에요?"

'노란 꽃봉오리가 며칠째 맺혀 있다가 하얗게 피었고, 도시에서 출근하며 봤다…' 여기까지 생각하니 딱 짚이는 풀꽃이 있었어요.

"혹시 이파리가 쑥갓을 닮았어요?"

"맞아요, 잎이 쑥갓 비슷해요."

"그러면 개쑥갓일 거예요. 이파리가 쑥갓을 닮았지만, 먹지 않는 쑥갓이라고 그런 이름이 붙었어요."

북한에서는 개쑥갓이 쑥갓과 비슷하고 들에 자란다고 '들쑥갓'이라 해요. 이름에 '쑥갓'이 들어가는 것만 봐도 쑥갓을 닮았겠다 싶죠?

전화한 사람이 하얀 꽃이 피었다고 했는데, 꽃이 아니고 씨가 익어 날아갈 준비를 하는 거예요. 민들레처럼 바람을 타고 날아가려고 준비하는 씨죠. 노란 꽃봉오리라고 말한 게 꽃이고요. 개쑥갓은 혀 모양 꽃잎이 없고 활짝 벌어지지도 않으니, 꽃을 보고 꽃봉오리로 아는 사람이 더러 있어요. 찬찬히 보면 조그마한 통꽃이 모여 있어요. 이렇게 많은 꽃이 꽃대 끝에 뭉쳐서 머리 모양을 이룬 꽃을 두상꽃차례라고 해요.

개쑥갓_ 4월 12일

개쑥갓 어린 모습_ 12월 22일

개쑥갓, 두상화와 갓털 달고 날아갈 씨_ 4월 12일

쑥갓, 꽃이 크다._ 7월 7일

쑥갓 잎_ 5월 15일

개쑥갓은 번식력이 얼마나 좋은지, 볼 때마다 꽃이 피고 씨를 퍼뜨려요. 남쪽에서는 한겨울에도 양지바른 곳에서 꽃이 피고 씨를 맺어요. 이렇게 아무 데서나 잘 자라는 개쑥갓에 견주면, 쑥갓은 꽃이 예쁘고 맛도 좋아요. 쑥갓을 즐겨 먹어도 꽃이 피면 쑥갓인지 모르는 사람이 많아요.

언젠가 식당에 갔을 때 일이에요. 식당 바깥에 있는 화분에 쑥갓 꽃이 예쁘게 피어 사진을 찍는데, 식당에서 나오던 사람이 말을 걸었어요.

"그 꽃 이름이 뭐예요?"

"쑥갓이에요."

"쑥갓이 이렇게 예쁜 꽃이 피어요? 그러고 보니 쑥갓하고 이파리가 닮았네요."

"후후, 쑥갓하고 닮은 게 아니라 쑥갓이에요."

쑥갓에 견주면 개쑥갓은 꽃이 화려하지 않고 쌈으로 먹을 수 없지만, 도시 길가 틈새에 개쑥갓마저 자라지 않는다고 생각하면 더 쓸쓸할 것 같아요.

중대가리풀 _절 마당에서 봤어요

국화과 | 한해살이풀
꽃 빛깔 : 풀빛, 밤빛 도는 자줏빛
꽃 피는 때 : 6월 말~9월
크기 : 10~20cm

아주 오래전에 양산 통도사 마당에서 중대가리풀을 봤어요. 땅에 딱 붙어 자라는데 어찌나 작은지, 도감에서 본 풀이라고는 생각도 못 하고 집에 돌아와 책을 뒤적였죠. 이 책 저 책을 한참이나 찾았지만, 그때는 이름조차 알 수 없었어요. '어쩌면 요렇게 작고 눈에 잘 띄지 않는 풀은 이름이 없을지도 몰라.' 그때만 해도 식물도감이 얼마 없어서, 모든 식물에 이름이 있을 거라고 생각을 못 했거든요.

얼마 뒤, 아파트 보도블록 틈에서 어떤 풀을 봤어요. 눈여겨보니 잎겨드랑이에 동그란 열매가 달렸는데, 그 순간 퍼뜩 이런 생각이 들었어요. '아! 절 마당에서 본 풀하고 똑같아. 언젠가 어느 식물도감에서 본 풀하고 닮았어.'

그러고 나서 책을 다시 찾아보니 그때까지 잘 보이지 않던 풀이 훤하게 보이는 거예요. 중대가리풀. '세상에, 책에 버젓이 있는데 그때는 왜 보이지 않았지? 너처럼 조그만 풀을 크게 실어놓으니 몰라봤구나!' 이런 생각도 잠깐, 이름이 중대가리풀이라니 어찌나 우스운지요. 중대가리풀이 절 마당에 버젓이 자라니, 정말 재밌죠? 중대가리풀은 불교를 업신여긴 고려 말이나, 불교를 탄압한 조선 시대에 이름이 붙지 않았나 싶어요.

불모산에 있는 상유사에 갔는데, 거기도 스님들이 왔다 갔다 하는 마당에 이 풀이 있더라고요. 웃으며 생각했죠. '스님들은 절 마당에 돋아난 이

중대가리풀_ 9월 19일

중대가리풀 열매_ 9월 1일

세대가리, 꽃송이가 보통 3개씩 달린다._ 8월 22일

파대가리, 작지만 파꽃을 닮았다._ 9월 19일

풀이 중대가리풀이라는 걸 아실까? 잡초려니 하다가, 이름을 알면 어떤 반응을 보일까?' 어떤 스님은 이름을 듣는 순간, 화를 내며 모조리 뽑아버릴지도 모르죠. 어떤 스님은 "풀이 무슨 죄가 있겠느냐? 이 풀 역시 귀한 생명일 뿐이지" 하며 부처님 같은 말씀을 하실지도 모르고요.

이름에 '대가리'가 들어가는 풀에는 꽃송이가 보통 세 개씩 달리는 세대가리, 파꽃을 닮은 파대가리도 있어요. 세대가리와 파대가리는 사초과에 들어요.

산국 _쓴맛, 단맛

국화과 | 여러해살이풀
꽃 빛깔 : 노란빛
꽃 피는 때 : 9∼11월
크기 : 100∼150cm

산에서 피는 국화라고 산국이에요. 가을에 산길을 걷다 보면 길섶에 올망
졸망 핀 노란 국화가 산국일 때가 많아요. 산국이라 해서 산에만 피는 건
아니고, 들이나 바닷가에도 흔해요. 잎 모양이 학교 뜰에서 곧잘 눈에 띄
는 국화하고 많이 닮았어요. 꽃이 작은데, 심어 가꾸는 국화보다 향기는
짙고요.

산국하고 많이 닮은 감국도 있어요. 둘 다 쓴맛이 강한데, 감국은 뒷
맛이 달다고 달 감(甘) 자를 써서 감국이에요. 사람들은 노란 국화를 보
면 '이게 산국일까, 감국일까?' 알아맞히려고 애써요. 산국 안에서 감국을
찾기도 하죠. 감국을 실제로 보면 산국하고 느낌이 다르다는 걸 알 수 있
어요.

산국이나 감국 둘 다 차로 마시고, 술도 담가요. 오래전에 지리산에 갔
을 때, 산국차를 처음 마셔봤어요. 찻잔에 노란 꽃을 동동 띄워주더라
고요. 차 맛을 즐기려고 한 모금 머금고 천천히 넘겨봤는데, 향이 정말
짙었어요. 지금은 향이 부드럽고 깊은 산국차를 만들기도 하지만, 한겨울
에 마신 산국차는 잊을 수가 없어요. 산국과 감국, 비슷해도 찬찬히 보면
달라요.

산국_ 11월 15일

산국_ 10월 23일

산국 싹_ 3월 9일

감국, 산국보다 꽃이 크다._ 11월 5일

산국과 감국, 꽃 견주기_ 10월 20일

산국과 감국, 꽃과 잎 견주기_ 11월 4일

산국차_ 10월 23일

구분	산국	감국
꽃 크기	지름 1.5cm	지름 2~2.5cm
꽃 달린 모습	가지 끝에 많이 달린다.	잎겨드랑이와 가지 끝에 4~5송이 성기게 달린다.
잎	녹색. 가장자리 톱니가 감국보다 덜 파이고, 덜 날카롭다.	검푸른 녹색. 가장자리 톱니가 날카롭고, 깊게 파인다.

사람들이 산에서 노란 국화를 보고 이게 산국일까 감국일까 고민하는데, 산국일 때가 많아요. 지역에 따라 다를 수도 있지만, 이제까지 본 경험으로는 산국에 견주면 감국이 훨씬 드물었어요. 산국과 감국은 쑥부쟁이나 구절초보다 늦게 피는 편이에요. 서리가 내릴 때까지 싱싱하게 핀 꽃이 눈에 띄는데, 장하기도 하고 안쓰럽기도 해요.

쑥 _쑥쑥 잘 자라서 쑥

국화과 | 여러해살이풀
꽃 빛깔 : 연붉은빛, 연붉은 풀빛
꽃 피는 때 : 7~10월
크기 : 60~120cm

쑥은 봄을 대표하는 나물이에요. 단군신화에서 곰이 쑥과 마늘을 먹고 여자(웅녀)로 변하죠. 쑥은 쑥쑥 잘 자라서 쑥이에요. 2차 세계대전 때 미국이 일본에 원자폭탄을 떨어뜨렸는데, 잿더미가 된 히로시마(廣島) 지역에서 먼저 자란 식물 가운데 하나가 쑥이래요. 쑥은 땅속줄기가 옆으로 뻗으며 자라요.

봄에 해쑥이 올라오면 국을 끓여 먹으려고 쑥을 뜯었어요. 쑥은 약으로 쓰고, 여러 가지 음식도 해요. 조금 더 자라면 쑥버무리를 해 먹기 좋아요. 쑥버무리를 경상도에서는 쑥털털이라 해요.

봄에 통영에서는 도다리쑥국이 제철 음식이죠. 그맘때 도다리쑥국을 먹으려고 통영을 찾는 사람이 많아요. 싱싱한 도다리와 쑥을 넣고 국을 끓이면 밥도둑이 따로 없어요. 하얀 도다리 살과 뽀얀 국물에 잠긴 부드러운 쑥을 한 숟갈 입에 넣으면 겨우내 언 몸과 마음이 사르르 풀려요. 싱싱한 도다리를 구하기 쉽지 않아, 굴을 총총 다져 넣고 들깻가루 풀어 끓인 쑥국은 제가 끓이는 국 가운데 가장 맛나요.

쑥은 잎이 새 깃 모양으로 잘게 갈라지고, 뒷면에 흰 털이 빽빽해요. 예전에는 잎을 찧어 지혈제로 썼어요. 어린잎은 쑥국이나 쑥떡을 해 먹고, 말린 쑥은 뜸을 뜨거나 약으로 써요. 자란 쑥은 베어서 말렸다가 노싯불을 피우기도 하죠. 불에 탈 때 쑥 향이 나서 좋아요.

쑥_ 5월 31일

쑥, 어린 모습_ 4월 2일

쑥, 줄기가 올라온 모습_ 9월 3일

쑥 꽃_ 9월 26일

극동쑥혹파리 벌레혹_ 9월 1일

쑥버무리_ 4월 3일

쑥물 들이기_ 8월 30일

풀물·꽃물 들이기_ 10월 8일

풀과 꽃으로 그림 그리기_ 4월 21일

쑥은 꽃 필 때가 되면 쑥대 키가 쑥 자라서 어지러워요. 무엇이 어지럽게 널린 모습을 보고 '쑥대밭'이라고 하죠. 머리카락이 헝클어지고 엉망일 때 '쑥대머리'라 하고요. '춘향가'에 춘향이가 옥살이하며 이 도령을 그리워하는 구절이 있어요. 이때 쑥대머리라는 말이 나와요. 쑥을 잘 알고 빗댄 표현이에요.

참, 쑥 잎으로 풀물 들이기를 할 수 있어요. 또르르 만 잎을 크레파스처럼 잡고 종이에 짓이기듯이 그리면 쑥 물이 종이에 배죠. 둘레에 있는 개망초나 모시풀, 닭의장풀 들의 잎이나 꽃으로 아주 특별한 풀물·꽃물 그림을 그릴 수 있답니다.

털진득찰 _재미난 이름

국화과 | 한해살이풀
꽃 빛깔 : 노란빛
꽃 피는 때 : 8~10월
크기 : 40~100cm

꽃 나들이를 갔는데 풀숲에 털진득찰이 있었어요. '그래, 너라면 사람들 마음을 사로잡겠구나.' 털진득찰 꽃 하나를 따서, 면 옷을 입은 아이한테 붙였어요. 아이 눈이 휘둥그레지더군요. 붙이는 대로 예쁘게 붙고, 어떤 무늬 못지않게 예뻤거든요. 다른 사람들도 깜짝 놀랐어요. 한 선생님이 이렇게 신기한 풀도 있냐며 이름을 물었어요.

"털이 많고, 진득진득하고, 찰싹 달라붙는다고 털진득찰이에요."

이제까지 들어본 가장 재미난 식물 이름이래요.

너도나도 털진득찰을 옷에 붙이고, 모자에 붙였어요. 이름이 식물 성질하고 딱 맞아떨어진다고 신기해하면서요. 부모님, 선생님까지 좋아하는 걸 보면 자연 앞에서는 누구나 아이가 되나 봐요. 고루고루 꽃 나들이 나간 날이었죠.

한 초등학생이 마당에 심으면 싹이 나는지 물었어요. 싹이 날 거라니까, 보물을 얻은 듯 기뻐하더군요. 맞아요, 씨앗은 자연 보물이에요. 작은 풀씨 하나하나가 모여 지구를 푸르게 만드니까요. 그 아이, 마당에서 털진득찰 싹을 잘 틔웠는지 궁금하네요.

처음엔 너도나도 털진득찰을 뜯어서 조금 미안한 생각이 들었어요. 그런데 가만히 생각해보니 털진득찰이 고마워할 것 같았어요. 씨를 멀리 퍼뜨릴 기회가 생겼으니까요.

털진득찰_ 9월 29일

털진득찰 잎_ 7월 28일

털진득찰 줄기, 선 털이 많다._ 10월 14일

진득찰, 키가 100cm 정도고 줄기에 누운 털이 있다._ 9월 16일

진득찰 잎_ 9월 3일

진득찰 꽃_ 9월 8일

제주진득찰, 키가 20~55cm에 줄기가 2개로 갈라진다._ 9월 19일

제주진득찰 잎_ 8월 28일

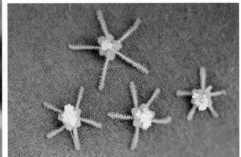

제주진득찰_ 11월 4일

털진득찰은 줄기에 선 털이 많아요. 줄기에 누운 털이 있어 얼핏 보면 털이 없는 것 같은 진득찰, 줄기가 두 개로 갈라지고 잎 가장자리에 물결무늬 톱니가 불규칙한 제주진득찰도 있어요. 세 가지 진득찰 모두 꽃을 만지면 *끈적끈적*해요. 꽃 아래 있는 모인꽃싸개에 *끈끈이주걱*처럼 점액이 조롱조롱 달렸거든요. 진득찰 종류가 어디든 달라붙어 씨를 퍼뜨리기 위한 장치예요.

한련초 _줄기를 뜯으면 까맣게 변하는 풀

국화과 | 한해살이풀
꽃 빛깔 : 흰빛
꽃 피는 때 : 7월 말~9월
크기 : 10~60cm

한련초는 줄기나 잎에 상처가 나면 까맣게 변해요. 줄기를 꺾으면 맑은 진액이 나오고, 조금 지나면 까매져요. 잎을 뜯은 자리도 까매지고요.

　어느 날 집에서 나가는데, 나무 아래 한련초가 한 떨기 보였어요. 늦가을이라 싱싱하지 않았지만, 이때도 까매질까 싶어 반가웠죠. 시들시들한 줄기 하나를 뜯었어요. 그런데 시간이 지나도 까매지지 않고, 보통 풀처럼 조금씩 시들어갔어요. 줄기 위쪽을 뜯고 잎도 찢었지만, 아무리 기다려도 까맣게 변하지 않았어요. '수분이 적으니까 잘 변하지 않네.' 아침에 뜯은 줄기가 오후 5시가 돼도 새들새들할 뿐이었죠.

　다음 날 저녁, 집에 오다가 다른 한련초를 봤어요. 이번에는 제법 싱싱했어요. 큰 기대를 하지 않고 줄기째 뜯어 몇 발짝 걷는데, 진액이 나온 곳이 까무스름해지더라고요. 한 군데 더 뜯어보니 마찬가지였어요. 잎을 찢으니 금세 까무스름해졌어요. 집에 오자마자 이파리를 비벼서 물컵에 담가놓고 지켜봤어요. 물에 풀빛이 사르르 배어나더니, 20~30분 지나자 검푸른 빛이 비쳤어요. 5시간쯤 지나자 비빈 잎은 시커멓고, 물은 검푸르죽 죽하게 바뀌었죠.

　작은 풀에서 이렇게 진은 물이 배어나다니 정말 신기했어요. 이러니 옛날에는 한련초 즙으로 수염이나 머리카락을 검게 물들이는 데 썼나 봐요. 한련초는 '묵한련' '묵두초' '묵초' '묵채'라고도 하는데, 모두 즙이 먹처럼

340

한련초_ 8월 23일

한련초 잎_ 6월 8일

한련초 열매_ 9월 2일

한련화_ 11월 18일

한련화 열매_ 11월 18일

까매진다고 붙은 이름이에요.

　한련화는 이름이 비슷하지만, 한련과에 들어요. '금련화'라고도 하죠. 페루, 콜롬비아, 브라질 등이 고향이고 봄에 씨를 뿌리면 초여름부터 늦가을까지 꽃을 볼 수 있어요. 잎은 연잎처럼 생겼고, 주황과 노랑 등 여러 가지 색 꽃이 피어요. 꽃과 잎은 생으로 먹을 수 있고, 비타민과 철분이 많아서 건강 차로 즐기기도 해요.

털별꽃아재비 _나도 별

국화과 | 한해살이풀

꽃 빛깔 : 흰빛
꽃 피는 때 : 6~9월
크기 : 10~50cm

별꽃아재비는 텃밭이나 길가, 구릉지 같은 곳에서 잘 자라요. 고향이 북아메리카인데, 지금은 우리나라 어디나 퍼져 자라죠. 담 밑이나 빈터, 낮은 산길에서 흔히 눈에 띄어요.

식물 이름에 '아재비'가 붙으면 비슷하지만 조금 다르다는 뜻이에요. 아재비는 아저씨, 큰아버지나 작은아버지처럼 아버지 형제를 말하고, 큰아버지나 작은아버지는 아버지와 닮았지만 조금씩 다르게 생겼죠. 별꽃아재비는 꽃이 별꽃과 비슷하지만, 별꽃하고 다른 식물이에요.

별꽃은 꽃이 별을 닮아 별꽃이에요. 별꽃아재비도 꽃이 별 모양을 닮았지만, 모두 별꽃이라고 할 순 없으니 별꽃아재비가 됐죠. 이름 앞에 '털'이 붙는 털별꽃아재비는 '털이 유난히 많은 별꽃아재비'라는 뜻이에요. 줄기와 잎에 긴 털이 아주 많거든요.

별꽃아재비와 털별꽃아재비는 이름만 닮은 게 아니라, 잎과 꽃도 쌍둥이처럼 닮았어요. 그래도 찬찬히 보면 달라요. 별꽃아재비는 줄기와 잎에 털이 적어 없는 듯 보이고, 털별꽃아재비는 털이 훨씬 많아 털보 같거든요. 둘 다 고향은 아메리카 대륙의 열대·아열대 지역이에요.

털별꽃아재비, 전체에 털이 많다._ 6월 2일

털별꽃아재비 잎_ 5월 26일

털별꽃아재비, 혀 모양 꽃잎이 크다._ 8월 31일

345

별꽃아재비, 전체에 털이 적다._ 6월 6일

별꽃아재비, 혀 모양 꽃잎이 작다._ 6월 6일

털별꽃아재비는 혀 모양 꽃잎이 큰 편이에요. 별꽃아재비는 하얀 혀 모양 꽃잎(설상화)이 어찌나 작은지 눈곱만큼 찍어 붙인 것 같아요. 둘 다 실제로 보면 아주 작은 꽃이에요. 둘 다 작은 꽃잎 끝이 셋으로 갈라졌는데, 막 돋아난 아기 이처럼 귀엽고 앙증맞아요.

도깨비바늘 _도깨비야, 찌르지 마

국화과 | 한해살이풀
꽃 빛깔 : 노란빛
꽃 피는 때 : 8~10월
크기 : 30~100cm

씨가 사람 옷이나 동물 털에 몰래 붙고, 바늘같이 생겨서 도깨비바늘이에요. 옛날이야기에 나오는 도깨비는 남몰래 좋은 일도 하고, 살금살금 따라가서 장난치기도 하잖아요. 식물이나 동물 공부는 바깥에서 하는 게 재미있어요. 도깨비바늘이 어디 있나 찾다 보면, 어느새 바지나 신발에 도깨비바늘 씨가 붙어 있죠. 옷에 붙은 씨를 떼면서 도깨비바늘 열매가 바늘같이 생겼고, 저도 모르게 달라붙었다는 걸 알 수 있어요. 도깨비바늘이 왜 이렇게 잘 달라붙는지 스스로 찾아낼 수도 있을 거예요.

도깨비바늘은 길쭉한 씨 끄트머리에 서너 개로 갈라진 가시가 있어요. 위로 향한 가시에 갈고리 같은 털이 많고요. 돋보기로 보면 낚시바늘을 줄줄이 달아놓은 것 같은 모양이라, 옷에 잘 달라붙죠. 옷에 붙은 걸 떼어내면 갈고리 같은 털이 부러져 올 속에 숨어 있을 때가 많아요. 움직일 때마다 살갗이 따끔따끔한데, 눈에 보이지 않으면서 바늘처럼 살을 콕콕 찔러댄다니까요. 그래서 '도둑놈풀' '도깨비풀'이라고도 해요.

도깨비바늘은 혀 모양 꽃잎을 한두 장 떼어낸 것처럼 성기게 달려요. 열매가 익어 벌어지기 전에는 줄기째 뜯어서 사랑의 화살 쏘기 놀이를 할 수 있어요. 잘 붙을 만한 옷을 입은 사람한테 던지면 착 붙거든요. 이때는 큐피드의 화살처럼 사랑스러워요.

혀 모양 꽃잎이 퇴화해 잘 보이지 않는 울산도깨비바늘도 있어요. 울산

도깨비바늘_ 10월 7일

도깨비바늘 잎, 털이 적다._ 8월 2일

도깨비바늘 꽃_ 10월 7일

도깨비바늘에 붙은 잠자리_ 11월 10일

에서 처음 발견해 붙은 이름이지만, 널리 퍼져서 자라죠. 더러 눈곱만한 혀
모양 꽃잎이 보이는 것도 눈에 띄어요. 전체에 털이 많은 털도깨비바늘도
있어요. 잎과 꽃이 조금씩 다르지만, 열매는 비슷해요.

털도깨비바늘_ 8월 23일

털도깨비바늘 잎, 털이 많다._ 7월 13일

울산도깨비바늘_ 10월 13일

울산도깨비바늘 잎_ 9월 10일

울산도깨비바늘 열매 붙이기_ 9월 9일

울산도깨비바늘 열매_ 9월 24일

흰도깨비바늘. 흰 꽃이 핀다._ 10월 18일

노랑도깨비바늘_ 10월 20일

흰도깨비바늘 잎_ 10월 18일

노랑도깨비바늘 잎_ 10월 20일

울산도깨비바늘 열매_ 10월 17일

노랑도깨비바늘 열매_ 10월 20일

미국가막사리 _풀꽃 화살

국화과 | 한해살이풀

꽃 빛깔 : 노란빛
꽃 피는 때 : 9~11월
크기 : 15~100cm

논길을 지나다가 고등학교 생물 선생님이 봇도랑을 가리키며 물었어요. "이 풀, 많이 본 풀인데 이름이 뭐예요?" 미국가막사리라니까 무척 놀라더 군요. 이름은 많이 들어봤는데, 이게 미국가막사리인 줄 몰랐다면서요. 선 생님과 함께 온 학생들은 별것 아니란 듯 보는 둥 마는 둥했어요.

"미국가막사리 열매로 풀꽃 화살 쏘기 해볼까요? 좋아하는 사람한테 던 지면 사랑의 화살이에요. 큐피드의 화살처럼요" 하며 스웨터를 입은 학생 한테 미국가막사리 열매를 던졌어요. 열매가 눈 깜짝할 새 날아가더니 척 달라붙었어요. 그걸 보고 너도나도 풀꽃 화살을 쏘느라 정신이 없었죠. 초 등학생부터 고등학생, 학부모, 선생님까지 함께하는 시간이었는데, 사랑 의 화살을 맞으며 모두 즐거워했어요.

미국가막사리 씨는 끝이 두 갈래로 갈라졌는데, 거기에 낚싯바늘처럼 밑으로 난 센 털이 있어요. 이것 때문에 도깨비바늘처럼 사랑의 화살이 돼 서 척척 달라붙죠.

미국가막사리는 북아메리카가 고향이에요. 물가를 좋아하고, 더러 메마 른 곳에도 자라요. 비슷한 풀로 가막사리가 있어요. 줄기가 검은 자줏빛이 고 잎자루에 날개가 없으면 미국사막사리, 줄기가 풀빛이고 잎자루에 날 개가 있으면 가막사리예요. 키가 100~250cm로 크고, 꽃도 크고, 줄기에 날개(나래)가 달린 나래가막사리도 있어요.

미국가막사리_ 9월 20일

미국가막사리 잎_ 6월 29일

미국가막사리 열매_ 11월 6일

가막사리, 잎자루에 날개가 있다._ 8월 20일

가막사리_ 9월 23일

가막사리_ 11월 15일

나래가막사리, 줄기에 날개가 있다._ 5월 30일

나래가막사리_ 9월 10일

나래가막사리 열매_ 4월 11일

미국가막사리는 번식력이 대단해요. 씨를 많이 만들고, 씨가 사람 옷이나 동물 털에 붙어 멀리 퍼지고, 물에 떠서 멀리 갈 수도 있어요. 휴면 상태로 수십 년을 지내기도 해요. 겨울잠을 자는 동물처럼 생장을 멈추고 씨앗 상태를 유지하는 거죠. 단단한 껍데기가 보호해서 가능한 일이에요. 그러다 알맞은 환경을 만나면 싹이 트는 걸 '휴면 타파'라 해요.

늦가을이면 바닥에 까맣게 떨어진 미국가막사리 씨를 볼 수 있어요. 미국가막사리 씨는 한꺼번에 싹이 나지 않아요. 씨에 따라 싹 트는 때가 달라서 한꺼번에 잘못되는 걸 막고, 오래오래 자손을 퍼뜨릴 수 있어요. 한꺼번에 욕심내지 않는 풀꽃한테 크게 배운 날이에요.

엉겅퀴 _앗, 따가워!

국화과 | 여러해살이풀
꽃 빛깔 : 붉은빛 도는 자줏빛
꽃 피는 때 : 5~8월
크기 : 50~100cm

교사 연수를 하고 있었어요. 길 따라 걸으며 도꼬마리, 애기땅빈대, 큰땅
빈대, 매듭풀을 봤어요. 그러다 엉겅퀴 꽃을 보고 말했죠. "엉겅퀴는 마법
을 부리는 꽃이에요." 급히 다가온 선생님이 소리를 질렀어요. "앗, 따거!"
엉겅퀴 잎에 날카로운 가시가 있는 줄 몰랐나 봐요. 풀줄기 하나를 주며
엉겅퀴 꽃을 살살 건드려보라고 했어요. 선생님이 꽃을 살살 건드리자, 엉
겅퀴가 하얀 꽃가루를 솔솔 내놓았어요. 선생님들 눈이 휘둥그레졌죠. 엉
겅퀴 마법을 보고 마냥 신기한가 봐요. 풀꽃지기는 이런 마법 같은 일, 기
적 같은 일이 많아서 자연에 갈 때마다 설레요.

엉겅퀴는 꽃 위로 쑥 올라온 짙은 자주색 대롱 속에 꽃가루를 간직하고
있다가, 벌이나 나비 같은 곤충 친구가 와서 무게나 움직임이 느껴지면 꽃
가루를 밀어 올려요. 그러면 꽃가루를 낭비하지 않고 벌이나 나비한테 묻
혀 다른 꽃 암술에 닿게 해서 꽃가루받이할 수 있으니까요.

엉겅퀴는 작은 통꽃이 모인 두상꽃차례예요. 통꽃 하나하나에 암술과
수술이 있고요. 꽃가루를 곤충한테 묻히면 암술이 자라서 다른 꽃한테 묻
혀 온 꽃가루를 맞아 꽃가루받이해요. 그래야 제꽃가루받이하지 않고 좋
은 유전자를 남길 수 있으니까요.

옛날에 스코틀랜드에 덴마크 군대가 쳐들어왔어요. 덴마크 군사가 밤에
조심조심 스코틀랜드 군 가까이 가다가 저도 모르게 소리 질렀어요. "앗,

엉겅퀴, 잎 뒷면이 뽀얗다._ 6월 17일

엉겅퀴 잎_ 6월 17일

엉겅퀴 꽃을 건드리면 꽃가루가 나온다._ 5월 21일

가시엉겅퀴, 가시가 많고 날카롭다._ 7월 2일

가시엉겅퀴 잎_ 7월 2일

개엉겅퀴_ 10월 4일

개엉겅퀴 뿌리잎_ 10월 21일

따가워!" 엎드려서 가던 덴마크 군사가 엉겅퀴 가시에 찔린 거예요. 스코틀랜드 군은 그를 잡아 덴마크 군 상황을 알아내고, 덴마크 군을 공격해 전쟁에서 이겼어요. "엉겅퀴가 우리를 살렸다. 이제부터 나라를 구한 엉겅퀴를 국화로 삼는다!" 그래서 엉겅퀴를 나라꽃으로 정했대요.

피를 엉기게 해서 지혈 작용을 하는 약초라고 엉겅퀴예요. 잎에 가시가 있고, 나물로 먹을 수 있어서 '가시나물'이라고도 하죠. 엉겅퀴랑 꽃이 비슷한 지칭개, 조뱅이, 산비장이도 있어요.

지칭개, 가시가 없다._ 5월 24일

지칭개 뿌리잎_ 3월 5일

조뱅이_ 5월 21일

조뱅이 잎_ 4월 18일

산비장이_ 8월 24일

산비장이 잎_ 9월 22일

민들레 _민들레 씨는 홀씨가 아니에요

국화과 | 여러해살이풀
꽃 빛깔 : 노란빛
꽃 피는 때 : 4~6월
크기 : 10~25cm

어느 해 어린이날 민들레 사진을 찍는데, 지나가던 아이가 민들레를 툭 뜯어버리더군요. 1학년쯤 돼 보이는 남자아이로, 민들레 씨를 불어 날리느라 볼이 터질 것 같았죠. 사진을 찍다 말고 어리둥절했지만, 아이 볼이 무척 귀여웠어요.

"네가 불어 날린 게 뭔지 알아?"

"아, 이거요? 민들레 홀씨예요."

그 아이가 불어 날린 게 참말로 민들레 홀씨일까요? 아니에요. 하얀 갓털이 달린 민들레 씨는 그냥 씨예요. 홀씨(포자)는 고사리처럼 꽃이 피지 않는 양치식물이 자손을 퍼뜨리기 위해 맺는 거죠. 고사리 잎 뒷면에 다닥다닥 붙은 거무튀튀한 점 같은 건 홀씨주머니(포자낭), 거기서 터져 나오는 먼지 같은 게 홀씨예요. 많은 사람이 습관처럼 민들레 홀씨라고 하는 건 "어느새 내 마음 민들레 홀씨 되어, 강바람 타고 훨훨~"이란 노랫말 때문일 거예요.

민들레에 얽힌 이야기 하나 해줄까요? 옛날에 어떤 사람이 말을 타고 가다가 높은 절벽에서 떨어졌어요. 기절했다가 깨어보니 온몸이 상처투성이였어요. 그 사람은 주위를 두리번거리다가 타고 온 말이 괜찮은지 살피는데, 멀쩡하게 민들레 잎사귀를 뜯어 먹더래요. 그래서 그 사람도 민들레 잎을 뜯어 먹고 상처가 빨리 나았대요.

서양민들레 무리_ 4월 8일

서양민들레_ 4월 20일

서양민들레 씨_ 5월 2일

서양민들레, 모인꽃싸개가 젖혀진다._ 4월 1일

민들레, 모인꽃싸개가 꽃을 받쳐준다._ 4월 11일

흰노랑민들레_ 4월 15일

민들레 씨 날리기_ 5월 31일

민들레 뿌리차_ 8월 24일

흰민들레_ 5월 5일

민들레는 서양민들레와 토종 민들레가 있어요. 요즘은 서양민들레가 더 많이 보이죠. 토종 민들레에는 민들레와 흰민들레가 있어요. 두 가지 색이 섞인 꽃은 흰노랑민들레예요. 토종 민들레는 꽃받침으로 보이는 모인꽃싸개가 꽃을 받쳐주는데, 서양민들레는 모인꽃싸개가 아래로 젖혀져요. 어쩌다 토종 민들레를 만나면 고향 사람을 만난 듯 반가워요. 민들레 뿌리는 차로 만들어 커피 대용으로 마시기도 해요.

씀바귀 _이다음에 뭐가 될까?

국화과 | 여러해살이풀
꽃 빛깔 : 노란빛
꽃 피는 때 : 4~6월
크기 : 20~50cm

씀바귀는 '쓴나물' '씸배나물'이라고도 해요. 모두 쓰다는 뜻이죠. 동무들 하고 겨울에도 잎이 푸른 노루발 같은 풀을 찾아 나섰어요. 앞서가던 사람들이 뭔가 새로운 걸 봤다며 어서 오라고 손짓했어요. 반가운 마음에 얼른 뛰어가니, 작고 여린 잎 몇 장이 추위를 견디고 있더라고요.

씀바귀라고 하니까 풀꽃지기처럼 어릴 때 시골에 산 동무 하나가 씀바귀는 절대로 아니라지 뭐예요. 다른 동무가 씀바귀 종류 같다 하고, 그 동무 목소리가 더 커졌어요. "다른 건 몰라도 제가 씀바귀는 확실히 알아요. 봄이면 씀바귀 캐러 얼마나 다녔다고요."

'정말 씀바귀가 아닌가? 잘못 봤나?' 싶어 다시 찬찬히 봐도 씀바귀였어요. 잎을 뜯어 맛을 봤어요. 이게 웬일이에요. 씀바귀는 줄기나 잎을 자르면 흰 진액이 나오고, 무척 쓰거든요. 그런데 겨울이고 너무 작아서 그런지 진액이 나오는 둥 마는 둥 하고, 쓴맛도 겨우 느껴질 정도였어요. '쓴맛을 우리고 담근 씀바귀김치도 이보다 쓴데…' 생각하며 뿌리를 씹어봤어요. 뿌리 역시 쓴맛이 겨우 돌았어요. 그래서 풀한테 "너, 이 담에 무슨 꽃이 피나 지켜볼게" 하고 내려왔죠.

몇 달 뒤에 그곳을 지나는데, 그 풀에 노란 꽃이 피었더라고요. '겨울이라 그랬구나. 도라지도 여름에는 쓴맛이 강하고, 겨울에는 덜 쓰고 단맛이 느껴지잖아.' 씀바귀가 아니라고 우기던 동무가 생각나서 빙긋 웃었어요.

씀바귀_ 5월 18일

씀바귀 잎_ 4월 6일

씀바귀 잎 나물_ 9월 2일

벌씀바귀, 벌판에 자라고 꽃이 작다._ 4월 22일

벌씀바귀 뿌리잎_ 12월 3일

선씀바귀, 연보랏빛 꽃이 핀다._ 4월 29일

선씀바귀 뿌리잎_ 4월 29일

산씀바귀, 산에서 자라고 키가 크다._ 8월 26일

산씀바귀 뿌리잎_ 4월 6일

노랑선씀바귀, 선씀바귀와 닮았고 노란 꽃이 핀다._ 4월 13일

흰씀바귀, 흰 꽃이 핀다._ 5월 24일

좀씀바귀, 잎이 작고 동그랗다._ 9월 23일

갯씀바귀, 바닷가에서 자란다._ 5월 19일

벋음씀바귀. 뿌리줄기가 벋어 나간다._ 5월 15일

　그 뒤 눈여겨보니, 씀바귀는 낮은 산 양지바른 곳에 주로 자라더군요. 다른 씀바귀에 견주면 잎이 여리고, 무리 지어 피지도 않고요. 그 동무는 집 주변에 다른 씀바귀 종류가 많은데, 굳이 씀바귀를 캐러 산에 갈 일이 없었겠죠? 씀바귀를 만나면 한번 맛을 보세요. 왜 쓴나물이라고 하는지 금방 알 수 있을 거예요.

　씀바귀 종류는 흰씀바귀, 벌씀바귀, 벋음씀바귀, 좀씀바귀, 선씀바귀, 노랑선씀바귀, 갯씀바귀, 산씀바귀 들이 있어요.

방가지똥 _강아지 똥도 아니고

국화과 | 한두해살이풀

꽃 빛깔 : 노란빛
꽃 피는 때 : 5~9월
크기 : 30~100cm

방가지똥은 길가나 빈터, 들판에 흔히 자라요. 꽃이 봄부터 가을까지 줄기차게 피죠. 남쪽 지방 양지바른 곳에서는 겨울에도 꽃을 볼 수 있어요.

방가지똥은 꽃이 민들레랑 닮았는데 좀 작아요. 씨가 바람을 타고 날아가는 것도 닮았어요. 하지만 방가지똥은 원줄기가 있고, 민들레는 원줄기가 없죠. 잎도 다르지만, 사람들은 꽃만 보는 경우가 많아요. 식물을 볼 때 꽃도 보고, 잎도 보고, 줄기도 보고, 열매도 보고, 진 모습도 보고, 둘레도 살피면 훨씬 재미있고 빨리 친해져요.

이 풀꽃이 방가지똥이라는 걸 처음 알았을 때, 어찌나 우습던지요. "후후, 강아지 똥도 아니고 방가지똥이래!" 왜 이런 이름이 붙었는지 궁금했어요. '샛노란 꽃이 아기 똥 같아서 이름 뒤에 똥이 붙지 않았을까?' '잎이나 줄기를 뜯으면 하얀 진액이 나오는데, 똥이 나오는 것 같다고 이름에 똥이 붙지 않았을까?' 그런데 방가지똥을 합쳐놓고 보면 도대체 왜 이런 이름이 붙었는지 상상도 안 됐죠.

방가지똥은 줄기나 잎에 상처가 나면 흰 진액이 나오는데, 이게 방아깨비가 위험하면 똥을 싸는 것 같아서 방가지똥이라 한대요. 지역에 따라 방아깨비를 방가지라고도 해요. 풀리지 않던 '방가지＋똥' 퍼즐이 딱 맞아떨어져서 기분이 좋아요. 줄기와 잎에서 나오는 흰 진액이 나중에 끈적끈적한 갈색으로 바뀌는데, 이게 방아깨비 똥이랑 닮았거든요.

방가지똥_ 5월 27일

방가지똥 뿌리잎_ 3월 29일

큰방가지똥 뿌리잎_ 3월 27일

큰방가지똥_ 10월 5일

큰방가지똥 열매_ 10월 9일

큰방가지똥은 이름처럼 방가지똥보다 키가 크고, 잎 가장자리 톱니가 날카로워요. 방가지똥은 잎 가장자리가 불규칙하고 깊게 파이고, 큰방가지똥은 방가지똥보다 얕게 파이지만 가시로 변한 톱니가 훨씬 많고 날카로워요. 방가지똥 뿌리잎은 끄트머리가 둥근 느낌이고, 큰방가지똥 뿌리잎은 잎끝이 뾰족한 점도 달라요.

뿌리뱅이 _궁금해, 뿌리뱅이야

국화과 | 두해살이풀
꽃 빛깔 : 노란빛
꽃 피는 때 : 4~7월
크기 : 15~100cm

뿌리뱅이는 집 둘레나 낮은 산, 들녘에서 잘 자라는 두해살이풀이에요. 시골에 살 때 많이 봤고, 도시에 사는 지금도 흔히 봐요.

어떤 식물에 왜 이런 이름이 붙었는지 알면 아주 친한 느낌이 들어요. 식물 이름은 나름대로 특징이나 쓰임 등을 봐서 지은 게 전해 내려오기 때문에, 이름을 알면 반은 아는 거나 다름없어요. 하지만 정확한 기록이 없거나, 짐작조차 되지 않는 이름이면 답답하고 궁금하죠.

뿌리뱅이는 보리밭 고랑에서 잘 자란다고 보리뱅이라 하다가 뿌리뱅이가 됐대요. '뿌'는 길다는 뜻이고, '뱅이'는 끝에 달린 것을 뜻해서 '기다란 줄기 끝에 꽃이 피는 풀'이라 뿌리뱅이라 한다고도 해요. 하지만 고개가 절로 끄덕여지는 기록은 찾지 못했어요. 뿌리뱅이가 보리밭에서 잘 자라고, 꽃이 긴 줄기 끝에 피기는 하죠.

추운 날, 아파트 뒤뜰에 뿌리뱅이가 아주 많이 돋은 걸 봤어요. 뿌리뱅이는 달맞이꽃처럼 로제트 모양으로 겨울을 나고, 번식력이 좋아요. 뿌리뱅이가 핀 둘레를 찾아보면 싹이 아주 많이 자라죠. 막 싹이 난 뿌리뱅이 잎은 둥그스름해서 얼른 알아보지 못할 때도 있어요. 잎몸이 덜 갈라졌다가 자라면서 차츰차츰 무 잎처럼 갈라시거든요. 뿌리뱅이는 털이 많지만, 보드라워 나물로 먹을 수 있어서 '박조가리나물'이라고도 해요.

뽀리뱅이, 털이 많다._ 4월 20일

뽀리뱅이 뿌리잎_ 4월 9일

뽀리뱅이 꽃 핀 모습_ 3월 17일

뽀리뱅이 가을 모습_ 9월 22일

고들빼기 _토끼 쌀밥

국화과 | 두해살이풀

꽃 빛깔 : 노란빛
꽃 피는 때 : 5~9월
크기 : 20~80cm

고들빼기는 고채(苦菜), 즉 쓴 나물이란 뜻이에요. '쓴나물' '씬나물' '꼬들빼기' '싸랑부리' '씀배나물'이라고도 하는데, 모두 맛이 쓰다는 뜻이죠. 맛이 쓰고 노란 꽃이 피니, 고들빼기랑 씀바귀가 같은 식물인 줄 아는 사람이 많아요. 둘은 엄연히 다른 식물이에요.

뿌리가 마르면 꼬들꼬들하다고 고들빼기라 한다는 사람도 있어요. 하지만 조선 고종 때 책《명물기략》에 보면, "고채는 고도라고 한다"는 기록이 나와요. 이 고도가 고독바기, 다시 고들빼기가 됐다고 전해져요. 그러니 뿌리가 꼬들꼬들해서 고들빼기라는 말은 그저 짐작이겠죠? 고들빼기 줄기나 입을 자르면 나오는 흰 진액이 젖과 비슷해서 '젖나물'이라고도 해요.

고들빼기 뿌리는 쌉쌀한 맛이 나서 입맛을 돋우고 소화를 도와요. 고들빼기김치는 맛이나 향이 인삼을 씹을 때와 비슷하다고 '인삼김치'라고도 하죠. 먹어본 사람이 두고두고 찾는 김치예요. 그러다 보니 산과 들에서 자라는 것으로 모자라, 밭에 심어 가꾸기도 해요.

한번은 텃밭에 고들빼기를 가꾸는 할머니를 만났어요. 어디서 구해 이렇게 많이 심었냐고 여쭤보니, 고들빼기 씨가 날아가기 전에 베어 말린 다음, 씨를 털어 밭에 뿌렸대요. 고들빼기김치 좋아하는 사람은 텃밭에 고들빼기를 가꿔도 재미있을 것 같아요.

풀꽃지기는 어릴 때 집에서 기르던 토끼 때문에 고들빼기를 눈여겨봤어

고들빼기_ 6월 5일

고들빼기 뿌리잎_ 4월 6일

고들빼기 줄기잎_ 4월 12일

고들빼기김치_ 4월 25일

이고들빼기, 가을에 핀다._ 10월 8일

이고들빼기 잎_ 6월 8일

왕고들빼기, 전체가 크다._ 9월 12일

왕고들빼기 잎_ 5월 30일

갯고들빼기, 주로 바닷가에서 자란다._ 10월 19일

갯고들빼기 잎_ 6월 28일

지리고들빼기_ 8월 28일

지리고들빼기, 잎에 날개가 있다._ 9월 26일

까치고들빼기_ 10월 1일

까치고들빼기, 잎에 날개가 없다._ 7월 23일

두메고들빼기, 높은 산에서 자란다._ 7월 28일

두메고들빼기, 잎자루에 날개가 있다._ 8월 9일

염소, 토끼, 소는 고들빼기 종류를 잘 먹는다._ 7월 18일

요. 토끼가 칡 잎 못지않게 고들빼기나 씀바귀도 잘 먹었거든요. 오물오물
하도 맛나게 먹기에 조금 맛봤는데, 어찌나 쓴지…. 토끼는 이 쓴 걸 어쩌
면 그렇게 잘 먹을까 싶었어요. 고들빼기 종류에는 이고들빼기, 왕고들빼
기, 갯고들빼기, 지리고들빼기, 까치고들빼기, 두메고들빼기 들이 있어요.

　고들빼기나 씀바귀 종류를 '토끼 쌀밥'이라고 하니, 토끼가 얼마나 좋아
하는지 알겠죠? 풀을 먹고 사는 소나 염소도 고들빼기를 아주 잘 먹어요.

참나리 _나리 뿌리는 백합

백합과 | 여러해살이풀

꽃 빛깔 : 주황빛
꽃 피는 때 : 7~8월
크기 : 100~200cm

우리 조상은 예부터 풀과 나무를 양식, 구황작물, 채소, 과일, 약, 향신료, 섬유, 염료, 원예, 조경 등에 써왔어요. 지금 우리도 미래에 필요한 의약품이나 천연색소, 향료, 기능성 식품 등을 개발하는 데 소중히 쓰고요. 우리가 살아가는 데 필요한 식물 자원을 이용하고 지키기 위해 식물이 자라는 곳과 특성을 알고 연구하는 일이 꼭 필요하죠.

　나리 종류는 참나리, 땅나리, 하늘나리, 말나리, 하늘말나리, 중나리, 털중나리, 솔나리 등 많아요. 언뜻 보면 꽃 모양이나 빛깔이 비슷하지만, 특징을 알면 생각보다 쉽게 이름을 불러줄 수 있어요. 땅나리는 꽃이 땅을 보고 피고, 하늘나리는 하늘을 보고 피어요. 이름에 '말나리'가 붙은 종류는 아래 잎이 우산살처럼 돌려나요. 하늘말나리는 꽃이 하늘을 보고 피고, 아래 이파리는 우산살처럼 생겼죠. 중나리는 꽃이 중간(옆)을 보고 피는 경우가 많고, 털중나리는 털이 많아요. 솔나리는 잎이 솔잎을 닮았고요.

　참나리는 나리 종류 가운데 어느 지역에서나 볼 수 있고, 꽃이 예쁘고, 쓰임도 많아 참나리라 해요. 꽃에 다닥다닥 있는 검은 점이 호랑이 무늬를 닮았다고 '호피백합'이라고도 해요. 참나리 잎겨드랑이에는 완두콩만 한 살눈(육아, 주아)이 있죠. 살눈은 씨가 아닌데도, 땅에 떨어져 뿌리를 내리고 싹이 나서 새 개체로 자라요.

　나리 종류는 꽃과 잎, 어릴 때 모습, 사는 곳이 조금씩 달라요. 나리 종

참나리_ 7월 1일

참나리 잎_ 4월 2일

참나리 꽃_ 7월 12일

참나리 살눈_ 6월 14일

털중나리, 꽃이 중간을 보고 핀다._ 6월 19일

털중나리, 줄기에 털이 있다._ 4월 12일

하늘말나리, 꽃이 하늘을 보고 핀다._ 7월 10일

하늘밀나리 잎, 얼룩무늬기 있다._ 4월 20일

하늘나리, 꽃이 하늘을 보고 핀다._ 7월 15일

하늘나리 잎_ 7월 8일

날개하늘나리, 꽃이 하늘을 본다._ 7월 2일

날개하늘나리, 줄기에 날개가 있다._ 7월 2일

말나리 꽃, 아래가 벌어진다._ 7월 20일

말나리 잎_ 4월 26일

땅나리, 땅을 보고 핀다._ 8월 9일

땅나리 잎_ 7월 12일

솔나리_ 7월 17일   솔나리 잎. 솔잎처럼 가늘다._ 7월 30일

류 꽃은 모두 빼어나게 아름다워서, 꽃 가운데 나리라 할 만하죠. 역사 드라마나 영화를 보면, 저보다 사회적 신분이나 지위가 높은 사람을 나리라 하잖아요.

　울릉도에 가면 성인봉 아래 나리분지가 있어요. 이곳에 먼저 정착한 사람들이 양식이 없어서 섬말나리 뿌리를 캐 먹고 목숨을 이어갔다고 나리분지라는 지명이 생겼대요. 섬말나리나 참나리처럼 나리 종류 뿌리를 약으로 쓸 때 약재 이름이 '백합'이에요. 약으로 쓰는 부분은 마늘처럼 통통한 비늘줄기인데, 비늘줄기가 여러 개 합쳐져 있다고 백합이라 하죠.

무릇 _무릇 사람은

백합과 | 여러해살이풀

꽃 빛깔 : 연분홍빛
꽃 피는 때 : 7~9월
크기 : 20~50cm

무릇은 들이나 낮은 산, 무덤 둘레에서 잘 자라요. '물굿' '물구지' '물웃'이라고도 해요. 무릇은 물웃에서 내려온 이름이래요. 물웃이 무릇의 옛말이거든요. 그럼 물웃은 뭘까요? 물은 물[水], 웃은 위[上]를 뜻해서 '물 위' 혹은 '물이 많음' 정도로 풀이할 수 있겠죠. 무릇 뿌리는 통통하고 물기가 많아요. 물웃이 '물기가 많다'는 풀이로 딱 떨어지는 옛 기록을 찾으면 좋겠어요. 무릇 사람은 죽을 때까지 배워도 모자라니까요.

　무릇 잎은 물기가 많고, 반지르르 윤기가 나며, 끝이 뾰족해요. 무릇 잎을 보고 난이 아니냐고 묻는 사람도 있어요. 그만큼 무릇 잎이 깔끔하고 귀해 보인다는 말이죠. 풀이 우거지기 시작하면 무릇도 다른 풀에 가려 잘 보이지 않아요. 그러다 한여름이 되면 꽃대를 쏙 올린답니다. 가녀린 줄기가 어쩜 그리 길게 올라오는지 참으로 신기한 풀이에요. 풀밭이 온통 풀빛으로 뒤덮일 즈음, 긴 꽃대에서 무릇 꽃이 피면 둘레가 다 사랑스럽죠. 무릇은 씨가 떨어지고 마른 꽃대도 예뻐요. 무릇 마음이 예쁜 사람은 낯빛도, 뒷모습도 예쁜 것처럼요.

　무릇은 생명력이 아주 강해요. 추석을 며칠 앞두고 풀을 싹 베어버린 무덤에 무릇 꽃대만 쏙쏙 올라와 꽃 무덤이 된 걸 자주 봐요. 무릇이 생명력이 강한 까닭은 뿌리에 있는 비늘줄기 덕이에요. 잎이나 꽃에 견주면 파뿌리 같은 비늘줄기가 어찌나 실한지 몰라요. 이 비늘줄기는 엿처럼 조려

무릇_ 9월 9일

무릇 잎_ 3월 21일

무릇 뿌리_ 4월 12일

무릇조림_ 2월 8일

무릇 열매_ 2월 9일

먹고, 구충제로도 써요.

풀꽃지기는 어릴 때 무릇을 캐서 풀각시를 만들었어요. 무릇을 거꾸로
들면 비늘줄기는 머리, 가지런한 잎은 머리카락을 닮았거든요. 잎을 땋으
면 인형 머리 같아서, 나무 꼬챙이에 꿰어 풀각시라며 소꿉놀이를 했죠. 시
골 아이한테는 자연이 장난감이고 놀이터였어요.

산자고_ 3월 31일

산자고 잎, 분을 바른 듯하다._ 3월 23일

중의무릇_ 3월 21일

애기중의무릇, 잎이 가늘다._ 4월 8일

　　무릇과 잎이 비슷하지만 하얀 분을 바른 듯한 산자고는 '까치무릇'이라

고도 해요. 잎이 무릇보다 작고 반들거리는 중의무릇, 중의무릇보다 잎이

가는 애기중의무릇도 있어요.

둥굴레 _저 깔끔한 풀 이름이 뭘까?

백합과 | 여러해살이풀
꽃 빛깔 : 풀빛 도는 흰빛
꽃 피는 때 : 5~7월
크기 : 30~70cm

둥굴레는 '신선초' '황정' '옥죽'이라고도 해요. 연둣빛이 살짝 도는 흰 꽃이 종 모양이에요. 약간 휜 줄기에 한쪽으로 쏠리듯 붙은 잎은 멋을 잘 모르는 산골 아이한테도 예사로워 보이지 않았어요. 산골에 살 때 둥굴레 꽃은 보지 못했고, 깔끔한 잎을 보며 생각했죠. '저렇게 깔끔하고 멋스러운 풀 이름이 뭘까?' 어른이 되고 나서 이름을 알았어요. 얼마나 기쁘던지요. 이름을 알고 나니, 왜 이런 이름이 붙었는지 궁금했어요. '잎이 둥그렇게 생겨서 둥굴레일까?' '뿌리가 통통해서 붙은 이름일까?'

한참 뒤 산비탈에서 둥굴레 꽃을 봤는데, 꿈에 그리던 사람을 만난 듯 가슴이 뛰었어요. 하얗고 긴 종 모양이고, 살짝 벌어진 끄트머리에 연둣빛이 도는 꽃. 이제나저제나 더 벌어질까 마음 졸이다, 어느 날 가서 보면 벌써 새들새들 지고 마는 꽃. 둥굴레는 5월의 숲에 가장 잘 어울리는 꽃이라는 생각이 들었어요. 둥굴레 종류에는 둥굴레, 용둥굴레, 왕둥굴레, 층층갈고리둥굴레 등이 있어요.

언젠가 산길을 내려오다 필 듯 말 듯 함초롬히 고개 숙인 둥굴레를 만났는데, 가슴이 또 방망이질했어요. 그 순간 아무것도 보이지 않아서 앞에 있는 산딸기 덤불을 마구 헤치며 둥굴레만 보고 올라갔죠. 산딸기 가시가 어찌나 날카로운지, 며칠이 지난 뒤에도 손목에 찔린 자국이 남아 가렵고 불그레했어요.

둥굴레, 꽃차례에 꽃이 1~2송이씩 달린다._ 4월 30일

둥굴레 열매_ 6월 2일

둥굴레 뿌리_ 6월 22일

왕둥굴레, 꽃이 2~5송이씩 달린다._ 5월 7일

용둥굴레, 꽃이 2송이씩 달리고 꽃턱잎이 2~3개 있다._ 5월 18일

층층갈고리둥굴레, 잎끝이 갈고리 모양이고 층층이 달린다._ 5월 14일

이렇게 마음을 사로잡는 둥굴레는 차로 많이 마셔요. 덖은 덩이뿌리를 물에 넣고 끓이면 담백하면서도 구수한 숭늉 비슷한 맛이 나죠. 옛날에 백성은 둥굴레 뿌리로 배고픔을 달래고, 임금은 어린순을 봄나물로 즐겼다니, 백성과 임금이 함께 먹은 풀이에요. 둥굴레차는 '신선차'라고도 해서 귀한 대접을 받았고요.

옛날 어느 부잣집에 게으른 노비가 있었어요. 노비는 일하기 싫어서 도망쳤어요. 산속을 헤매다 허기지고 병든 노비는 둥굴레 뿌리를 캐 먹으며 살았어요. 그러던 어느 날, 큰 짐승이 나타나 얼른 나무 위로 올라갔어요. 이튿날 아침 나무에서 내려왔는데, 그때부터 새처럼 날 수 있게 됐대요.

몇 년이 지나고, 그 부잣집에서 일하던 노비 하나가 산나물을 하러 갔다가 날아다니는 노비를 보고 주인한테 알렸어요. 주인은 노비를 잡으려고 사람을 풀었지만, 날아다니는 사람을 어떻게 잡겠어요? 주인은 노비가 즐겨 먹던 술과 음식으로 꾀었어요. 아니나 다를까, 노비는 차려놓은 음식을 보고 내려와 허겁지겁 먹었고, 그만 날아다니는 능력을 잃었어요. 어떻게 날아다닐 수 있었냐고 묻자, 노비는 둥굴레 뿌리를 먹고 살았다고 했어요. 그 뒤 사람들이 둥굴레를 '신선초'라 했대요.

상사화 · 석산 · 백양꽃 _정말 한 번도 못 만나요?

상사화
수선화과 | 여러해살이풀
꽃 빛깔 : 연분홍빛
꽃 피는 때 : 7~8월
크기 : 40~60cm

석산
수선화과 | 여러해살이풀
꽃 빛깔 : 붉은빛
꽃 피는 때 : 9~10월
크기 : 30~50cm

백양꽃
수선화과 | 여러해살이풀
꽃 빛깔 : 연주황빛
꽃 피는 때 : 9~10월
크기 : 30~40cm

상사화는 '잎과 꽃이 만나지 못해 그리워한다'는 뜻으로, 남녀의 애틋한 사랑에 빗대어 붙인 이름이에요. 상사화 잎은 3월이 되기도 전에 나와서, 초여름이면 말라 죽어요. 그리고 7~8월에 기다란 꽃대가 올라와 잎도 없이 꽃이 피죠.

아주 오래전에 굴렁쇠 친구들과 창녕에 있는 우포늪(소벌)에 갔어요. 화장실 뒤쪽에 상사화가 곱게 피었기에, 친구들을 불렀어요. 풀꽃지기가 해 주는 상사화 이야기를 재미있게 듣던 친구 하나가 금방이라도 울 것 같은 얼굴로 묻더군요.

"선생님, 상사화는 정말 잎과 꽃이 한 번도 못 만나요?"

그래서 풀꽃지기가 되레 물었어요.

"친구들, 우포늪에서 하룻밤 자니까 부모님과 형제들이 보고 싶죠? 상사화는 정말 잎과 꽃이 죽을 때까지 한 번도 만날 수 없어요."

친구들이 애틋한 눈으로 상사화를 봤어요.

상사화 잎_ 3월 11일

상사화_ 7월 27일

석산_ 10월 5일   석산 잎_ 11월 17일

　가을에 붉은 꽃이 피는 석산은 '꽃무릇'이라고도 하죠. 석산은 '돌 틈에
서 나온 마늘 모양 뿌리'라는 뜻이에요. 이 뿌리를 갈라서 심으면 잎도 마
늘처럼 겨울에 푸르게 자라요.

　상사화는 잎이 진 뒤에 꽃이 피지만, 석산은 꽃이 시든 뒤에 잎이 나서
겨울을 나요. 석산도 상사화처럼 꽃과 잎이 만나지 못하니, 흔히 상사화로
여겨요. 석산 뿌리에 있는 알칼로이드 성분이 탱화를 그릴 때 방부제로 쓰
여, 석산은 절에서 많이 심어요.

백양꽃 잎_ 3월 5일

백양꽃_ 9월 8일

　백양꽃도 잎과 꽃이 만나지 못해요. 백양꽃 잎은 이른 봄에 나서 여름에
말라요. 전남 장성 백양산 숲속에서 처음 발견했다고 백양꽃이죠.
　잎과 꽃이 만나지 못하니 서로 그리워한다는 전설 때문에 이 꽃들을 보
면 애잔해요. 보고 싶은 걸 참기는 힘든 일이니까요. 하지만 어디까지나
사람의 잣대로 봤을 뿐이고, 꽃은 그저 DNA에 저장된 대로 자기답게 사
는 거예요. 우리가 짐작하지 못하는 자연의 이치가 담겼을 테죠.

마 _이사하는 덩굴

마과 | 여러해살이풀
꽃 빛깔 : 흰빛
꽃 피는 때 : 6~8월
크기 : 200cm 정도 뻗는다.

이사하는 풀이 있어요. 손도 없고, 발도 없고, 땅에 뿌리를 내린 식물이 이사한다니 도대체 무슨 소리냐고요? 야생에서 자라는 마는 정말 이사해요. 선화공주와 결혼한 서동이 산에서 캐다 팔았다는 그 마예요. 마는 심장 모양 잎이 반지르르 윤이 나고 깔끔해요. 뿌리는 감자나 고구마처럼 쪄서 먹고, 반찬해 먹고, 생으로 갈아 먹기도 해요. 마를 생으로 먹으면 나오는 끈적끈적한 진액이 소화를 도와요. 횟집에서 납작하게 잘라주는 마를 먼저 먹으면 위벽을 보호한대요.

마 뿌리가 이사하는 비밀은 새싹이 나는 봄부터 시작돼요. 싹이 나고 줄기를 뻗고 뿌리에서 양분을 올려 보내면, 뿌리가 조금씩 물렁해지고 쪼그라들어요. 이때 마는 줄기 아래쪽에 작고 하얀 새 뿌리를 만들어요. 꽃이 피는 8월쯤 되면 뿌리에 있던 양분을 줄기로 거의 올려 보내서 줄기가 길게 뻗죠. 물론 잎도 열심히 양분을 만들어요. 이때 캐보면 뿌리는 양분을 다 올려 보내고 쪼그라들어 말라비틀어지거나 껍데기만 있죠. 잎이 누레지기 전에 줄기와 잎에 모아둔 양분을 새 뿌리로 내려보내요.

마 곁을 넓게 파서 빈 구멍이 난 쪽을 보면, 몇 해 동안 어느 쪽으로 이사했는지 알 수 있어요. 야생 마는 이렇게 이사하기 때문에 산삼처럼 수백 년을 살 수 있대요. 그런데 밭에서 재배하는 마는 옮겨 다니지 않는다니, 자연은 참 신비해요.

마, 잎자루와 줄기에 자줏빛이 돈다._ 5월 8일

마 열매_ 10월 2일

마 암꽃_ 7월 20일

마 수꽃_ 8월 9일

마 살눈_ 11월 2일

마 열매, 익어 벌어진 모습_ 4월 16일

한번은 마가 어떻게 이사하는지 궁금해서 뿌리를 파봤어요. 이사하는
걸 봤냐고요? 풀꽃지기가 본 마는 몇 해 되지 않은 작은 거였어요. 그런데
도 새 뿌리와 쪼그라드는 뿌리를 볼 수 있었죠.

그 뒤 굵은 마 줄기 하나를 봤어요. 벌레가 잎을 다 갉아 먹어 어떤 종류
인지 알 수 없었지만, 조심조심 땅을 팠어요. 그런데 이게 웬일이에요! 조

마 헌 뿌리 옆에 새 뿌리가 있다._ 6월 2일   풀잎 그림, 마 잎이 코가 됐다._ 10월 19일

금 팠는데 굵은 뿌리가 보이더라고요. 불룩불룩한 뿌리가 옆으로 끝없이 이어졌어요. 줄기가 다른 것보다 엄청 굵었지만, 새끼손가락보다 가는 줄기가 그렇게 굵은 뿌리를 줄줄이 달고 있을 줄은 상상도 못 했죠.

문득 이상한 생각이 들었어요. '마 뿌리는 곧게 땅속으로 뻗는데, 이건 옆으로 뻗었잖아. 맛도 집에서 먹던 마랑 다르고 아주 쓰네.' 뿌리가 참 신기하게 생겼다고 느낀 순간, 군데군데 싹을 낸 흔적이 보였어요. 그 많은 뿌리가 옆으로 줄줄이 뻗었는데도, 바로 아래 뿌리 하나만 줄기를 단 걸 보고 가슴이 마구 뛰었어요. 마처럼 뿌리 전체가 이사하지 않았지만, 해마다 새 뿌리에서 싹을 내며 옆으로 이사한 거니까요.

뭉툭한 뿌리에서 길게 뻗어 올라간 줄기를 한참 지켜보다가, 도로 덮어 놓고 집으로 왔어요. 오자마자 식물도감과 자료를 뒤져, 뿌리 임자가 단풍마라는 걸 알았죠. 그때 얼마나 기쁘던지요.

마와 비슷한 종류에는 잎 가장자리와 잎맥, 줄기에 자줏빛이 돌지 않는 참마가 있어요. 마는 자줏빛이 돌거든요. 단풍마는 잎이 단풍잎을 닮았고요. 마와 참마는 잎겨드랑이에 살눈이 있어요. 살눈은 씨가 아니면서 씨처럼 싹을 틔워 번식하죠. 마 살눈은 작은 감자처럼 생겼어요. 맛은 끈적하

참마, 잎자루와 줄기가 녹색이고 살눈이 달린다._ 9월 23일

단풍마 수꽃_ 8월 28일

참마 열매, 너비가 크다._ 9월 15일

단풍마 열매_ 9월 5일

참마 마른 열매_ 2월 9일

단풍마 열매 피노키오 놀이_ 9월 21일

고 아삭한 마 뿌리와 같고요. 점액이 소화를 도와주는 물질이에요. 자식이 부모를 닮은 것과 같지 뭐예요. 마 살눈은 땅에 떨어지면 뿌리를 내리려고 뿌리가 생길 곳이 오톨도톨하게 튀어나와요. 자기가 살 방법을 어쩌면 저리도 잘 아는지, 자연은 알면 알수록 신비스러워요.

각시붓꽃 _각시 닮은 꽃

붓꽃과 | 여러해살이풀

꽃 빛깔 : 자줏빛
꽃 피는 때 : 4~5월
크기 : 15~30cm

각시붓꽃은 낮은 산에서 자라요. 이파리가 길쭉하고 가느다래서 눈에 잘 띄지 않지만, 꽃이 피면 어찌나 밝고 환한지 지나가는 사람들 눈길을 사로잡아요. 길쭉한 꽃봉오리가 붓 모양을 닮았고, 각시처럼 어여쁘고 자그마하다고 각시붓꽃이라 해요. 각시라는 말에는 '작다' '새색시처럼 아름답다'는 뜻이 있어요. 흔히 심어 가꾸는 붓꽃에 견주면 작고 여리거든요.

각시붓꽃과 비슷해 보이는 솔붓꽃도 있어요. 꽃봉오리가 붓 모양을 닮았고, 뿌리로 솔을 만들었다고 솔붓꽃이에요. 풀뿌리를 캐서 솔을 만들다니 놀랍죠? 처음에는 꽃이 아깝다는 생각이 들었어요. 하지만 옛날에는 솔을 만드는 공장이 없었고, 꽃을 보는 기쁨보다 먹고 입고 사는 일이 먼저니 곧 이해했어요. 그 시절에는 직접 옷감을 짜서 옷을 해 입었는데, 백성은 주로 무명으로 옷을 지었으니 풀칠할 솔이 꼭 필요했을 거예요.

같은 꽃을 두고 어떤 사람은 각시붓꽃이다, 어떤 사람은 솔붓꽃이다 말이 많아요. 각시붓꽃은 꽃부리가 5cm, 솔붓꽃은 2cm 정도예요. 우리가 산에서 보는 붓꽃은 각시붓꽃이 많더군요.

붓꽃은 각시붓꽃이나 솔붓꽃보다 훨씬 크지만, 꽃봉오리 모양은 붓을 참 많이 닮았어요. 붓꽃 종류에는 꽃이 노란 금붓꽃, 흰 꽃에 노란 무늬가 있는 노랑무늬붓꽃, 이파리가 실타래처럼 약간 꼬인 타래붓꽃도 있어요. 풀꽃에는 붓꽃처럼 조상의 삶이 깃든 이름이 많아요.

각시붓꽃_ 4월 21일

각시붓꽃 꽃봉오리, 붓 모양을 닮았다._ 4월 12일

솔붓꽃_ 4월 27일

금붓꽃, 꽃이 노랗다._ 4월 10일

노랑무늬붓꽃, 노란 무늬가 있다._ 4월 18일

타래붓꽃, 잎이 실타래처럼 꼬였다._ 4월 30일

붓꽃. 꽃봉오리가 붓을 닮았다._ 5월 3일

　각시붓꽃이 새색시처럼 다소곳한 모습으로 피어난 어느 날이었어요. 풀꽃 동무랑 산모롱이를 막 돌아서는데, 멀찍이 자줏빛 꽃 무더기가 보였어요. 반가운 마음에 달려가니, 각시붓꽃 두어 줌이 뜯긴 채 시들시들 말라가고 있었어요. 꽃이 예뻐서 가져가려는 욕심에 뜯었다가, 시드니까 버린 모양이에요. 함께 보고 즐거워해야 할 꽃을 혼자 보겠다고 뜯은 게 못마땅했어요. 금세 시든 꽃을 보고 그 사람도 뭔가 깨달았겠죠?

꿩의밥 _꿩의밥 먹으면 꿩이 되나요?

골풀과 | 여러해살이풀

꽃 빛깔 : 꽃밥이 노란빛
꽃 피는 때 : 3월 말~5월
크기 : 7~25cm

꿩의밥은 양지바른 풀밭이나 무덤 같은 곳에서 자주 보여요. 키가 작고 언뜻 보면 띠나 잔디하고 비슷한데, 어울려 자라요. 꿩의밥은 소가 잘 뜯어먹지만, 눈에 잘 띄지 않아 시골에도 이름을 아는 사람이 드물어요. 사진을 보면 "아, 이 풀!" 하고 반가워하죠. 꿩이 잘 먹어서 붙은 이름으로, '꿩밥' '꿩의밥풀'이라고도 해요. 잡식성인 꿩은 풀벌레나 풀씨를 좋아하는데, 이 풀한테 꿩의밥이라는 이름을 붙인 데는 그만한 이유가 있겠죠?

풀꽃지기는 어릴 때 꿩의밥 씨를 많이 먹었어요. 이삭을 여러 개 뜯어서 한꺼번에 비비면 씨가 불거져 나와요. 후후 불면 가벼운 껍질이 날아가고 씨만 남는데, 한입에 넣고 먹었죠. 덜 익으면 파릇하고, 다 익으면 까뭇해요. 작은 씨가 혀에 닿는 매끄러운 느낌이 좋고, 고소하면서 풋풋한 맛이 나요. 그러니 다른 풀씨가 별로 없는 철에 꿩이 이 풀씨를 먹는 모습이 눈에 띄었을 테고, 사람들이 꿩의밥이라고 이름 붙였을 거예요.

요즘도 꿩의밥이 있으면 씨를 까먹는데, 사람들이 풀꽃지기를 보고 막 웃어요. 꿩이 먹는 밥을 먹으니 꿩이 되는 게 아니냐면서요. 우리 애들도 어릴 때 꿩의밥이 보이면 엄청 반가워하면서 이삭을 뽑느라 정신없었어요. 주머니가 볼록해지면 차 안에서 까먹기도 하고, 동무한테 가져다주기도 했어요. 저런 거 준다고 친구들이 먹기나 할까 싶었지만, 보기 좋아서 그냥 웃었죠.

꿩의밥_ 4월 21일

꿩의밥 잎, 희고 긴 털이 많다._ 2월 2일

꿩의밥 열매_ 5월 14일

꿩의밥 씨, 검은 갈색으로 익는다._ 5월 14일

예전에는 꿩의밥 씨를 양식으로 쓰기도 했대요. 언젠가 봄에 꿩의밥으로 밥을 지어봐야겠어요. 씨가 워낙 작으니, 쌀에 조금 놓아 지어야겠죠.

꿩의밥은 잎과 줄기가 땅속줄기에서 뭉쳐나요. 이른 봄에 보면 기다란 이파리에 희고 거미줄 같은 털이 유난히 많고요. 추위를 견디려면 당연한 일이겠죠?

닭의장풀 _녹아내리는 꽃잎

닭의장풀과 | 한해살이풀
꽃 빛깔 : 파란 하늘빛
꽃 피는 때 : 6~9월
크기 : 15~50cm

초등학생 때, 선생님이 현미경으로 세포 관찰을 한다고 달개비 잎 뒤쪽을 얇게 벗겨 오라고 했어요. 닭의장풀을 '달개비'라고도 하거든요. 현미경으로 본 닭의장풀은 거미줄이 이리저리 얽힌 듯 신기했어요. 닭의장풀은 예쁘기도 하고, 신기하게 생겨서 그 무렵 제가 가장 좋아한 꽃이에요.

닭의장풀은 닭장 둘레에서도 잘 자라는 풀이라고 이런 이름이 붙었어요. 닭은 똥오줌을 같이 눠요. 새똥처럼 독한 닭똥이 닿으면 식물이 잘 자라지 못하는데, 닭똥 둘레에서 잘 자란다는 말은 그만큼 생명력이 강하다는 뜻이죠. 닭의장풀은 '닭의밑씻개' '닭의꼬꼬'라는 별명도 있어요.

닭의장풀 꽃잎은 가을 하늘보다 맑고, 바다보다 파래요. 하늘빛 꽃잎 두 장이 마치 파란 나비가 앉은 것 같죠. 옛날에 이 풀로 명주 염색을 했다니, 그 색이 얼마나 고왔을지 짐작이 가요. 닭의장풀 꽃잎은 신기하게도 떨어지지 않고 녹아내려요. 이름이 비슷한 식물에 잎이 좁은 좀닭의장풀, 덩굴로 자라는 덩굴닭의장풀, 잎이 자줏빛인 자주달개비가 있어요.

참, 닭의장풀 꽃잎이 몇 장일까요? 파란 꽃잎 두 장으로 보이는데, 세 장이에요. 밑에 하얀 꽃잎이 한 장 더 있거든요. 게다가 닭의장풀은 꽃 하나에 수술이 두 가지나 있어서, 어느 게 암술이고 수술인지 헷갈려요. 하나는 꽃가루가 있는 기다란 수술, 다른 하나는 노란 꽃 모양 헛수술이에요. 가운데 길게 나온 게 암술이고요. 헛수술은 꽃가루가 없어서 가루받이

닭의장풀_ 9월 11일

닭의장풀 꽃잎, 녹아내린다._ 7월 1일

닭의장풀 잎_ 6월 8일

닭의장풀 열매_ 9월 12일

닭의장풀 마디에서 내린 뿌리_ 8월 9일

좀닭의장풀, 꽃싸개잎에 털이 있다._ 7월 24일

좀닭의장풀 잎, 닭의장풀보다 좁다._ 5월 13일

덩굴닭의장풀, 덩굴로 자란다._ 7월 15일

덩굴닭의장풀 잎_ 7월 24일

자주달개비, 꽃을 보려고 심는다._ 5월 30일

자주달개비 잎_ 5월 1일

할 수 없지만, 샛노란 색과 꽃 모양으로 곤충을 모으죠.

닭의장풀은 꽃 모양만큼 얽힌 이야기 또한 별나요. 옛날 어느 마을에서 두 남자가 힘자랑을 했대요. 처음에는 바위 멀리 던지기를 했는데, 한 치도 다르지 않게 던졌어요. 다음에는 높은 바위에서 뛰기를 했는데, 이번에

닭의장풀 열매를 먹는 다람쥐_ 11월 2일

도 비겼어요. 세 번째는 바위를 안고 물속 깊이 가라앉기로 했어요. 마을
사람들과 식구들이 말렸지만 소용없었어요.

　날이 새면 둘 다 죽을 수도 있으니, 부인들은 닭이 울어 날이 새는 걸 막
으려고 파랗게 질려서 닭장 옆을 지켰어요. 하지만 닭은 울었고, 날이 밝
았어요. 두 부인은 애가 타 죽었고, 그 자리에서 꽃잎이 파란 닭의장풀이
피어났어요. 두 남자는 그제야 힘겨루기를 멈추고, 닭 볏을 닮은 꽃을 보
며 울고 또 울었대요.

　한번은 다람쥐가 숲에서 닭의장풀 열매를 먹고 있었어요. 앞발로 줄기
를 붙잡고 오물오물 엄청 먹는데 어찌나 사랑스럽던지요.

뚝새풀 _물구나무서기하고 싶은 풀

벼과 | 한두해살이풀
꽃 빛깔 : 누런빛 섞인 풀빛
꽃 피는 때 : 4~6월
크기 : 20~40cm

뚝새풀은 '독새풀' '독쌔기풀' '둑새풀'이라고도 해요. 보리밭 고랑 같은 데 흔하고, 누가 심어 가꾼 듯 이른 봄에 논을 뒤덮으며 자라요. 어떤 사람은 논에 자라는 뚝새풀을 보고 보리가 파릇파릇하다고 말하더군요. 보리는 대개 고랑을 파고 넓게 만든 이랑에 뿌려서, 이랑 없이 논 전체가 파릇파릇하면 뚝새풀일 때가 많아요.

한번은 풀꽃 동무 하나가 멀찍이 있는 논을 보고 저게 뭐냐고 묻더군요. 저 논은 보리, 아래 논은 뚝새풀 하고 짚어 나가니, 눈이 어쩌면 그렇게 밝냐고 부러워했어요. 사람이든, 식물이든 자주 보면 멀리서도 느낌이 오잖아요. 운동회 날, 다 같은 옷을 입어도 부모가 자기 아이는 금세 알아보는 것처럼요.

풀꽃지기는 뚝새풀이 잔디처럼 깔린 걸 보면, 그 위에서 물구나무서기하고 싶어요. 맘은 아이 같은데, 어른이 되고 나니 다칠까 봐 겁부터 나서 참죠. 대신 '뚝새풀 물방울 따기'를 했어요.

1. 뚝새풀 이삭을 뽑아서 손톱으로 짜듯이 훑어 물방울을 만든다.
2. 물방울을 맞댄다.
3. 물방울이 어느 쪽으로든 딸려 가는데, 물방울을 따면 이긴다.

뚝새풀_ 7월 17일

뚝새풀 잎_ 3월 18일

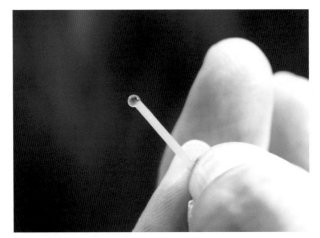

뚝새풀 물방울 따기 1_ 6월 27일

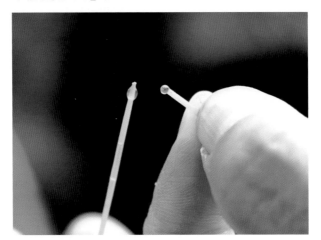

뚝새풀 물방울 따기 2_ 6월 27일

뚝새풀 물방울 따기 3_ 6월 27일

예전엔 뚝새풀이 깔린 논을 보면 농사지을 땅에 풀이 저렇게 많으니 어떡하나 싶었어요. 그러다 며칠 지나면 뚝새풀이 깔린 논을 쟁기로 갈아엎는 모습이 보이더라고요. 그때는 뚝새풀이 씨를 퍼뜨린 뒤였죠. '저 많은 씨가 떨어져 내년에도 나겠지? 농부가 힘들겠다' 했는데, 알고 보니 뚝새풀은 인산이 많은 곳에서 자란대요. 인산은 벼가 자라는 데 도움이 되는 성분이고, 뚝새풀이 자라는 논은 벼농사도 잘된다니 괜한 걱정을 했죠? 풀이 자라지 못하는 논에 벼만 잘 자랄 리 없으니까요.

그령 · 수크령 _너도 이름이 있었구나

그령

벼과 | 여러해살이풀
꽃 빛깔 : 붉은빛 도는 밤빛
꽃 피는 때 : 7~9월
크기 : 30~80cm

수크령

벼과 | 여러해살이풀
꽃 빛깔 : 진자줏빛
꽃 피는 때 : 8~10월
크기 : 30~80cm

아주 어릴 때부터 이름이 궁금한 풀이 있었어요. 이삭이 패면 맨다리로 스쳐도 부드럽던 풀, 저수지 둑이나 길가에 흔한데 이름을 모르던 풀, 손으로 뜯어보면 엄청 질긴데 소가 잘 먹던 풀, 동네 언니나 어른들한테 물어봐도 이름을 알 수 없던 풀, 초등학교에 입학하고 선생님께 여쭤봐도 알 수 없던 풀. 어린 풀꽃지기는 생각했죠. '특별한 쓰임이 없거나, 예쁜 꽃이 피지 않으면 이름조차 없구나!'

어른이 되고 나서 이름 없는 풀이 없다는 걸 알고, 부자가 된 기분이었어요. 그렇게 궁금하던 풀이 그령이라는 예쁜 이름이 있다는 걸 알고, 바라보기만 하던 아이와 동무가 된 듯 벅찼죠. "그령, 너도 이름이 있었구나!" 이름을 알고 나니 모르고 볼 때랑 사뭇 달랐어요. 이제야 진짜 친구가 된 것 같았으니까요.

이름이 있다는 건 소중한 일이에요. 일제강점기에는 부모님이 지어주고 동무끼리 다정하게 부르던 이름을 마음대로 부를 수 없었잖아요. 일본식 이름을 써야 했고, 이름을 빼앗긴 건 나라를 빼앗긴 설움이기도 했어요.

그령은 왜 그령이라고 할까요? '그러매다'에서 그렁, 그렁, 하다가 그령이 됐대요. 그령은 시골길 한가운데나 길 양쪽에서 잘 자라는데, 잎과 줄기를 묶어 지나가는 사람이 걸려 넘어지게 한 데서 나온 이름이에요. 그령을 묶어 동무를 골리는 장난은 위험해요. 그러다 동무가 넘어져 다치기라

그령_ 8월 17일

그령 잎_ 7월 14일

수크령_ 9월 19일

수크령 잎_ 6월 21일

수크령 경마 놀이 1_ 9월 7일   수크령 경마 놀이 2_ 8월 29일

도 하면 큰일이니까요.

그령은 '암크령'이라고도 해요. 그령과 비슷한 곳에 자라고, 꽃이 피기 전에는 모습이 비슷한 풀이 수크령이에요. 꽃이 피면 남자와 여자만큼이나 다르죠. 수크령은 강아지풀보다 훨씬 크고, 거무튀튀한 털이 길어서 강아지풀 형님 같아요.

수크령 꽃이 피면 '수크령 경마 놀이'를 할 수 있어요. 털이 난 소시지 같은 이삭꽃을 뜯어 땅바닥에 놓고, 이삭이 달렸던 줄기로 수크령 꽃을 톡톡 치면 말처럼 살살 움직여요. 어떤 지점을 정하고 하면 더 재미있어요. 소풍 가서 동무들과 수크령 경마 놀이를 해도 재미있을 거예요. "이랴, 이랴! 내 말이 더 빨리 달린다." "어, 내 말은 왜 뒷걸음치지?" 이러면서요. 또 수크령 이삭을 잘라서 손에 쥐고 살살 오므렸다 풀었다 하면 수크령이 위아래로 빠져나와요. 누구 수크령이 빨리 올라오나 놀이해도 좋아요.

강아지풀 _풀로 만든 강아지

벼과 | 한해살이풀

꽃 빛깔 : 풀빛
꽃 피는 때 : 7~9월
크기 : 30~80cm

이삭이 강아지 꼬리를 닮아서 강아지풀이에요. '개꼬리풀'이라고도 하죠. 이삭을 따서 꼭 쥐었다 놓으면 강아지 꼬리처럼 움직이고, 이삭을 반 갈라 코 밑에 붙이면 멋진 수염이 돼요. 강아지풀 수염을 붙이면 털 때문에 코가 간질간질해요. 강아지풀 이삭을 동무한테 올려놓고 "송충이다!" "벌레다!" 하며 놀기도 했어요. 강아지풀 이삭으로 개구리 낚시도 했고요. 강아지풀을 개구리 가까이에서 흔들면 먹이인 줄 알고 와락 물고 따라 올라오거든요. 움직이는 먹이를 잡아먹는 개구리 생태를 알고 하는 놀이죠.

이삭에 난 털(까끄라기)이 금빛인 금강아지풀, 주로 바닷가에 자라고 이삭이 짧고 통통한 갯강아지풀도 있어요. 강아지풀은 오곡밥 지을 때 넣는 조의 조상이에요. 잎이나 줄기는 소가 잘 먹고, 씨앗은 새가 좋아해요. 예전에는 먹을 게 적어서 강아지풀을 찧어 밥이나 개떡을 해 먹었어요.

가끔 무슨 꽃을 가장 좋아하냐고 묻는 사람들이 있어요. 저마다 예뻐서 딱히 한 가지 꽃을 말하기 힘든데, 그래도 강아지풀이 먼저 생각나요. 강아지풀을 좋아한다고 하면 사람들 눈이 커져요. 그 많은 꽃 가운데 강아지풀을 좋아한다니 뜻밖인가 봐요.

강아지풀을 꽃이라고 생각하지 않는 사람이 많아요. 꽃은 흔히 예쁘게 피죠. 강아지풀은 화려한 꽃잎이 없어도 어느 꽃 못잖게 예쁘고 사랑스러워요. 강아지풀은 왜 예쁜 꽃잎이 없을까요? 곤충을 불러들이지 않고 바

강아지풀_ 7월 11일

금강아지풀, 이삭이 금빛이다._ 8월 23일

갯강아지풀, 이삭이 짧고 통통하다._ 8월 2일

강아지풀로 강아지 만들기

재료 : 금강아지풀 이삭 5개_ 8월 5일

1. 이삭 2개를 엇갈리게 놓는다.

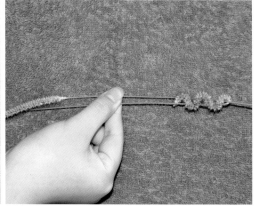

2. 줄기 2개에 이삭을 'S 자'로 감는다.

3. 'S 자'로 끝까지 감아 들어온다.

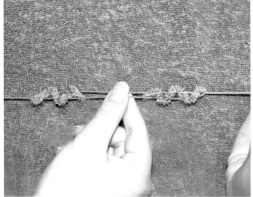

4. 반대쪽 이삭도 'S 자'로 감는다.

5. 줄기 양쪽 끝을 끝까지 잡아당긴다.

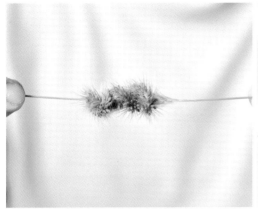

6. ①~⑤를 반복해서 하나 더 만든다.

7. 머리로 쓸 것은 위쪽 줄기를 자르고 몸에 끼운다.

8. 모양을 잡는다.

9. 남은 강아지풀로 꼬리를 끼운다.

10. 줄기 4개는 다리가 된다.

11. 금강아지풀로 만든 강아지

강아지풀 수염 만들기_ 8월 27일

강아지풀 수염_ 8월 27일

강아지풀 강아지 꼬리 놀이_ 8월 29일

강아지풀 이쑤시개_ 12월 23일

강아지풀로 개구리 부르기_ 8월 26일

람에 꽃가루를 날려 보내 꽃가루받이하기 때문이에요. 강아지풀은 바람을 잘 타려고 억새나 갈대처럼 긴 이삭이 쑥 올라오죠.

강아지풀 이삭 다섯 개로 강아지를 만들 수 있어요. 두 개는 머리가, 두 개는 몸통이, 하나는 꼬리가 돼요. 이쑤시개도 만들 수 있어요. 이쑤시개는 안 쓰는 게 좋지만, 필요한 때도 있어요. 강아지풀 이쑤시개는 굵기가 알맞고, 잇몸에 닿는 순간 침에 닿아 부드러워지죠. 쓰고 버려도 자연에 해가 없고요. 음식물 쓰레기랑 같이 버려도 찔리지 않고, 동물 사료로 써도 먹고 다칠 일이 없어요. 자연으로 돌아갈 때 그대로 자연이 되죠. 강아지풀 이쑤시개는 마른 줄기를 비스듬히 잘라 소금물에 한 시간 정도 담그고, 말려서 깨끗한 수건으로 닦으면 돼요.

띠 _단청 아래 또 단청

벼과 | 여러해살이풀
꽃 빛깔 : 흰빛
꽃 피는 때 : 5~6월
크기 : 30~80cm

띠는 이파리가 허리띠처럼 기다란 풀이에요. 흔히 '띠풀'이라고도 하죠. 양지바른 풀밭에서 잘 자라고, 산소에 가면 쉽게 볼 수 있어요. 띠는 이삭이 익으면 솜처럼 피어, 씨가 금방이라도 바람에 날아갈 듯해요. 하지만 보기와 다르게 바람이 불어도 빨리 날아가지 않아요.

띠의 연한 꽃대를 삐삐, 삘기라 해요. 시골에 살 때 많이 뽑아 먹었어요. 아이들한테 삘기는 아주 인기 있는 군음식이었죠. 삘기는 위로 당기면 쏙쏙 뽑히는데, 동무들끼리 누가 더 많이 뽑나 내기해서 삘기 움큼을 대보기도 했어요.

삘기 껍질을 벗기면 하얗고 촉촉하고 보드라운 속살이 나와요. 띠의 어린 꽃인데, 입에 넣으면 혀에 감기며 들큼하고 담백한 맛이 났어요. 무엇과도 견줄 수 없는 풋풋한 맛이죠. 쇤 것은 맛이 덜해서, 껌처럼 씹다가 꿀꺽 삼키기도 했어요. 이삭이 더 쇠거나 피면 먹지 않았고요. 전라도에서는 이삭이 하얗게 피면 쌀가루에 넣고 찧어서 띠송편을 해 먹었대요.

옛날에는 띠를 엮어서 비 올 때 입는 도롱이를 만들고, 지붕을 이기도 했어요. 초가지붕은 볏짚이나 갈대로 엮지만, 제주도에서는 띠로 이었어요. 제주도 사람들은 띠를 '새'라고 해요. 요즘은 산소에 잔디를 입히는데, 예전에는 띠를 입혔어요. 나이가 많은 어른들이 산소에 잔디를 입히며 "떼 입힌다"고 하는 말이 띠를 입힌 데서 나왔죠.

띠_ 6월 4일

띠, 이때 이삭을 뽑아 먹는다._ 4월 20일

띠, 껍질을 벗기고 먹는다._ 4월 28일

띠 단풍_ 11월 19일

띠 마른 모습_ 12월 6일

띠 짚가리_ 2월 13일

띠로 꼰 새끼줄_ 7월 2일

띠로 인 초가지붕_ 2월 13일

띠로 엮은 제주도 전통 빗물받이_ 2월 13일

띠배나 띠뱃놀이라는 말을 들어봤나요? 띠배는 띠로 만든 배를 말해요. 전라북도 부안군 위도의 대리라는 마을에는 띠배를 바다에 띄워 보내는 전통이 있어요. 위도띠뱃놀이(국가무형문화재 82-3호)는 액을 띄워 보내는 뜻이 있다고 해요.

언젠가 절에 가서 단청을 구경하고 나오는데, 돌담 아래 단청처럼 물든 띠가 보였어요. 단청 아래 또 단청이라···. 자연이 빚어낸 그 빛이 참말로 오묘했어요.

억새 · 갈대 · 달뿌리풀 _우리가 닮았나요?

억새	갈대	달뿌리풀
벼과 ㅣ 여러해살이풀	**벼과 ㅣ 여러해살이풀**	**벼과 ㅣ 여러해살이풀**
꽃 빛깔 : 밤빛	꽃 빛깔 : 자줏빛 띤 갈색	꽃 빛깔 : 자줏빛 띤 갈색
꽃 피는 때 : 8〜9월	꽃 피는 때 : 8〜10월	꽃 피는 때 : 8〜10월
크기 : 100〜200cm	크기 : 100〜300cm	크기 : 200cm

주남저수지에 갔어요. 겨울인데 봄이 온 듯 날씨가 포근했죠. 억새와 갈대 사이로 겨울 철새가 많아 '참 아름다운 곳이구나!' 싶었어요. 주남저수지에 는 억새와 갈대가 함께 살아요. 물억새도 많고요. 억새는 산이나 들, 물가 에 자라고, 갈대는 주로 물가에 사는데, 주남저수지는 물가이기도 하고 들 이기도 하니까요.

비슷한 풀로 달뿌리풀이 있어요. 억새는 억센 풀이라고 억새, 갈대는 꽃 이 갈색이고 줄기가 대나무 같다고 갈대, 달뿌리풀은 뿌리줄기가 달그림 자를 따라 달리듯 자란다고 달뿌리풀이라는 이름이 붙었죠. 이들이 사는 곳이 달라진 이야기를 들려줄게요.

아주 오랜 옛날, 풀꽃이 이 땅에 자리 잡을 때였어요. 억새와 갈대, 달뿌 리풀은 살기 좋은 곳을 찾아 산으로 올라갔어요. 높은 산에 올라가니 바 람이 어찌나 센지, 갈대는 줄기에 띄엄띄엄 붙은 잎사귀를 추스르느라 힘 들었어요. 산에서는 도저히 못 살겠다 싶어 내려왔죠. 잎이 갈대와 비슷하 게 달린 달뿌리풀도 기다렸다는 듯이 따라왔어요. 억새는 잎이 아래쪽에 나니까 바람을 덜 타고, 고집도 세서 한번 버텨보기로 맘먹었고요.

갈대와 달뿌리풀은 바람 피할 곳을 찾아 자꾸 내려왔어요. 한참 내려오 다 보니, 졸졸 물 흐르는 소리가 났어요. 달뿌리풀은 그곳이 좋아 개울가 에 살기로 했어요. 물에 비친 달그림자를 따라 달리듯 뿌리를 내리면 길

억새 잎, 모여난다._ 6월 15일

억새_ 10월 3일

갈대 잎_ 5월 16일

갈대_ 11월 24일

달뿌리풀 잎_ 6월 16일

달뿌리풀_ 10월 16일

물억새_ 10월 5일

물억새 줄기 비눗방울 놀이_ 10월 21일

잃을 걱정도 없을 것 같았거든요.

갈대가 개울을 둘러보니, 둘이 살기에는 비좁았어요. 더 내려오니 모래가 밟히고 파도 소리가 들렸어요. 바다가 앞을 가로막아서 더 갈 데가 없었죠. 갈대는 할 수 없이 바다 가까운 강가에 눌러살았대요.

물억새는 줄기가 매끄럽고 단단해요. 줄기로 젓가락과 포크를 만들고

물억새 머리 아이_ 9월 15일

'산가지 놀이'를 할 수 있어요. 빨대처럼 속이 빈 줄기로 '비눗방울 놀이'도
하고요. 한번은 물가에서 풀꽃 그림을 그렸어요. 물억새 꽃으로 아이 머리
를 꾸미니까 아주 멋지더라고요. 자연은 보기만 해도 좋은데, 자연 놀이를
하면 몸과 맘에 자연이 스며요. 그 몸에서 나오는 생각은 자연과 닿아 있
겠죠?

솔새 · 개솔새 _어, 많이 보던 풀이네!

솔새

벼과 | 여러해살이풀
꽃 빛깔 : 누런빛 섞인 풀빛
꽃 피는 때 : 8~9월
크기 : 70~100cm

개솔새

벼과 | 여러해살이풀
꽃 빛깔 : 풀빛 섞인 흰빛
꽃 피는 때 : 8~9월
크기 : 100cm

솔새와 개솔새는 날아다니는 새가 아니라, 산이나 들에서 잘 자라는 여러해살이풀이에요. 뿌리로 솔을 만들었다고 이름이 솔새죠. 식물 이름 뒤에 '새'가 들어가면, 대개 억새처럼 잎이 기다란 풀이라고 보면 돼요.

솔새 뿌리로 길쌈할 때 쓰는 솔을 만들었어요. 길쌈은 옷을 짓기 전에 옷감을 짜는 모든 일을 말해요. 우리 조상은 집에서 길쌈을 했는데, 삼이나 목화, 모시 따위로 만든 실을 베틀에 올리기 전에 풀칠하는 과정이 있어요. 이때 솔새 뿌리로 만든 솔을 많이 썼대요.

언젠가 솔새 뿌리로 차 마시는 데 필요한 도구를 만든다는 기사를 봤어요. 아무리 생각해도 어떤 도구인지 감이 안 잡혀서 전통찻집에 전화했죠. 처음에는 풀뿌리로 뭘 만들었는지 모르겠다고 했어요. 그래서 솔새가 어떤 풀이고 뿌리는 가닥도 많고 빳빳하다고 말해주니, 다기 씻는 솔을 만들었을 거라고 하더군요.

궁금하기도 하고, 보고 싶기도 해서 지나는 길에 다기 파는 곳에 들렀어요. 조심스럽게 문을 열고 들어서는데, 한쪽 벽에 풀뿌리로 만들었을 법한 솔이 보이더라고요. 어찌나 반가운지. 길쌈할 때와 다르게 쓰이지만, 솔새 뿌리로 솔을 만드는 전통이 이어지고 있으니까요.

오래전에 경상남도 창녕에 있는 화왕산에 갔어요. 억새가 멋지다고 소문난 등성이에 올라서니 억새는 생각보다 많지 않고 키도 작은데, 솔새가

솔새_ 8월 15일

솔새 잎_ 6월 24일

솔새 꽃_ 9월 21일

개솔새, 꽃이 성기게 달리고 은빛이 돈다._ 9월 5일

개솔새 잎_ 8월 19일

개솔새_ 9월 5일

반쯤 섞여 있더군요. 솔새하고 아주 비슷하지만 조금 다른 개솔새도 있었죠. 개솔새는 은빛이 돌면서 이삭도 솔새보다 성긴 느낌이에요. 자연에는 비슷하면서 다른 게 어쩌면 이리 많을까요?

자연에서 크게 배운 것 가운데 하나가 서로 다르다는 점이에요. 서로 다른 생명들이 어우러져 살아가는데 평화롭고, 치열하고, 자연스러워요. 자연에서 배우는 시간이 쌓이니 자연스럽게 사람 사이에도 생각이 다를 수 있다는 걸 인정하려고 애써요. 그걸 잘 못해 부대낄 때도 많지만요. 그러면 또 자연에 가서 배우고 좋은 기운을 받아야죠.

찾 아 보 기

가

가는오이풀 112~113

가락지나물 109

가막사리 352, 354

가시엉겅퀴 358

가야산잔대 270, 273

각시붓꽃 406~407, 409

각시취 302, 306

갈대 438, 440, 442

갈퀴나물 126~128

갈퀴덩굴 196~199

갈퀴현호색 88~89

감국 328, 330~331

강아지풀 428~433

개갓냉이 94

개망초 308~309, 311

개미자리 40~41, 43

개벼룩 55

개별꽃 44~47

개불알풀 250, 253

개소시랑개비 109

개솔새 444, 446~447

개쑥갓 320~323

개엉겅퀴 358

개질경이 264~265

갯강아지풀 428~429

갯고들빼기 379, 381

갯씀바귀 368~369

갯완두 134~135

갯질경 264~265

갯취 307

고깔제비꽃 170, 172, 175

고들빼기 376~377, 381

고마리 34~37

고추나물 78~80

고추냉이 94

골무꽃 210~211, 213

곰취 302, 306

광대나물 218~220

광대수염 221

광릉갈퀴 126, 128

광릉골무꽃 210, 212~213

괭이밥 150~153

구절초 298, 300~301

그령 424~425, 427

금강아지풀 428~431

금강초롱꽃 276~277

금붓꽃 406, 408

긴담배풀 282, 284~285

까마중 234~236

까치고들빼기 380~381

꽃다지 96~99

꽃마리 206~209

꽃받이 208~209

꽃쥐손이 157

꽃향유 230~233

꿀풀 214~217

꿩의바람꽃 72~73, 77

꿩의밥 410~413

나

나도바람꽃 74, 77

나래가막사리 352, 354

낚시제비꽃 175

날개하늘나리 385

남도현호색 88~89

남방바람꽃 76~77

남산제비꽃 170, 175

냉이 90~91

너도바람꽃 74, 77

넓은잎쥐오줌풀 268~269

노란장대 102~103

노랑도깨비바늘 351

노랑무늬붓꽃 406, 408

노랑물봉선 168~169

노랑선씀바귀 368~369

노랑제비꽃 170, 175

노랑토끼풀 148~149

노루귀 68~71

노루발 184~186

노루오줌 268~269

눈개불알 250~251, 253

는쟁이냉이 95

다

다닥냉이 92

단풍마 403~405

단풍취 302, 305

달맞이꽃 178~180, 182

달뿌리풀 438, 441

닭의장풀 414~416, 418~419

담배풀 282~283, 285

당잔대 270, 272

덩굴개별꽃 47

덩굴닭의장풀 414, 417

덩굴박주가리 194~195

덩굴별꽃 54

덩이괭이밥 152~153

도깨비바늘 348~349

도꼬마리 290~291, 293

돌양지꽃 108

동자꽃 56~59

두메고들빼기 380~381

두메담배풀 282, 285

둥굴레 392~393, 395

둥근매듭풀 124~125

둥근배암차즈기 224~225

둥근이질풀 156~157

둥근털제비꽃 176

들개미자리 42~43

들깨풀 226~227

들바람꽃 75, 77

들현호색 88~89

등갈퀴나물 126, 128

딱지꽃 109

땅나리 382, 386

땅빈대 164~165

떡쑥 278~279, 281

뚜껑별꽃 54

뚝새풀 420~423

띠 434~437

마

마 400~403, 405

마디풀 26~29

만주바람꽃 74, 77

말나리 382, 386

말냉이 93

망초 308, 310~311

매듭풀 122~125

매화노루발 186~187

머위 312~315

며느리밑씻개 30~32

며느리배꼽 30~33

명아주 60~63

모래냉이 94

무릇 388~390

물냉이 93

물봉선 166~169

물양지꽃 108

물억새 442~443

미국가막사리 352~353, 355

미국까마중 236

미국미역취 296~297

미국실새삼 202, 204

미국쥐손이 156~157

미나리냉이 93

미모사 118, 120

미역취 294~296

민눈양지꽃 108

민둥뫼제비꽃 176

민들레 360, 362~363

붉은서나물 316, 318~319

붉은토끼풀 148~149

붓꽃 406, 409

뽀리뱅이 374~375

바

바람꽃 72, 75, 77

박주가리 192~195

방가지똥 370~373

배암차즈기 222~223, 225

배풍등 240~243

백양꽃 396, 399

뱀딸기 104~107

버들분취 302, 306

벋음씀바귀 369

벌개미취 302, 305

벌노랑이 136~139

벌씀바귀 366, 369

벼룩나물 52

벼룩이자리 52

변산바람꽃 74, 77

별꽃 48~49, 51

별꽃아재비 344, 346~347

복주머니란 252~253

봉선화 150, 152, 166

분홍낮달맞이꽃 181, 183

분홍노루발 187

사

산골무꽃 212~213

산국 328~331

산비장이 358~359

산씀바귀 367, 369

산오이풀 112~113

산자고 391

살갈퀴 130, 133, 135

삼색제비꽃 170, 173~174

상사화 396~398

새끼노루발 186

새삼 202~205

새완두 130, 132, 135

서양민들레 361, 363

서양벌노랑이 139

석산 396, 398

선개불알풀 251, 253

선괭이밥 152~153

선씀바귀 367, 369

선이질풀 156~157

선토끼풀 148~149

설앵초 190~191

섬노루귀 71

섬초롱꽃 276~277

세대가리 326~327

세잎양지꽃 108

소리쟁이 24~25

솔나리 382, 387

솔나물 200~201

솔붓꽃 406, 408

솔새 444~445

솜나물 286~289

솜방망이 286, 288~289

솜양지꽃 108

쇠뜨기 12~15

쇠무릎 64~66

쇠별꽃 48, 50~51

쇠비름 38~39

쇠뿔현호색 89

쇠서나물 319

수리취 302, 305

수영 20~24

수크령 424, 426~427

숙은노루오줌 269

숲개별꽃 47

실망초 311

실새삼 202, 204

싸리냉이 92

쑥 332~335

쑥갓 322~323

쑥부쟁이 298~299, 301

씀바귀 364~366, 369

아

알록제비꽃 176

애기골무꽃 212~213

애기괭이밥 153

애기노랑토끼풀 148~149

애기달맞이꽃 181, 183

애기땅빈대 162~165

애기똥풀 82~85

애기수영 23

애기중의무릇 391

앵초 188~189, 191

양미역취 296~297

양지꽃 106~107

억새 438~439

얼치기완두 130~132, 135

엉겅퀴 356~358

여우구슬 158~159, 161

여우주머니 158, 160~161

연리갈퀴 126, 128

오이풀 110~111, 113

완두 130, 134~135

왕고들빼기 378, 381

왕둥굴레 392, 394

왜박주가리 194~195

왜제비꽃 176

용둥굴레 392, 394

울산도깨비바늘 348, 350~351

유럽개미자리 42~43

유럽점나도나물 53

은분취 302, 307

이고들빼기 378, 381

이질풀 154~155, 157

자

자귀풀 118, 120

자운영 140~143

자주광대나물 221

자주괭이밥 152~153

자주달개비 414, 418

잔대 270~273

장대나물 100~103

점나도나물 53

제비꽃 170~173

제비동자꽃 58~59

제주양지꽃 108

제주진득찰 338~339

조뱅이 358~359

조선현호색 88~89

졸방제비꽃 170, 177

좀개소시랑개비 109

좀고추나물 78, 81

좀닭의장풀 414, 417

좀담배풀 282, 284

좀씀바귀 368~369

좀현호색 89

좁은잎배풍등 243

종지나물 177

주름잎 244~247

주홍서나물 316~317, 319

중대가리풀 324~325, 327

중의무릇 391

쥐깨풀 226, 228

쥐꼬리망초 254~257

쥐오줌풀 266~267

지리고들빼기 379, 381

지칭개 358~359

진득찰 338~339

질경이 262~265

짚신나물 114~117

차

차풀 118~119, 121

참개별꽃 47

참골무꽃 212~213

참나리 382~383, 387

참마 403~405

참배암차즈기 224~225

참취 302~304

창질경이 264~265

처진물봉선 168~169

초롱꽃 274~277

층층갈고리둥굴레 392, 394

층층잔대 270, 272

카 _____

콩제비꽃 170, 177

콩팥노루발 186~187

큰개미자리 42~43

큰개별꽃 47

큰개불알풀 248~250, 253

큰괭이밥 153

큰달맞이꽃 180, 183

큰도꼬마리 290, 292

큰땅빈대 164~165

큰망초 310~311

큰방가지똥 372~373

큰앵초 190

타 _____

타래붓꽃 406, 408

털도깨비바늘 349~350

털동자꽃 58~59

털머위 315

털별꽃아재비 344~345, 347

털중나리 382, 384

털진득찰 336~337, 339

털향유 232

토끼풀 144~147, 149

파 _____

파대가리 326~327

파리풀 258~261

풀솜나물 280~281

하 _____

하늘나리 382, 385

하늘말나리 382, 384

한련초 340~341

한련화 342~343

향유 232

현호색 86~87, 89

홀아비바람꽃 75, 77

홑꽃노루발 186~187

환삼덩굴 16~19

황새냉이 92

회리바람꽃 75, 77

흑박주가리 195

흰노랑민들레 362~363

흰도깨비바늘 351

흰물봉선 168~169

흰민들레 363

흰복주머니란 252

흰씀바귀 368~369

흰젖제비꽃 177

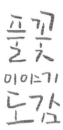

펴낸날 2021년 7월 20일 초판 1쇄
지은이 이영득
만들어 펴낸이 정우진 강진영 김지영
꾸민이 Moon&Park(dacida@hanmail.net)
펴낸곳 (04091) 서울 마포구 토정로 222 한국출판콘텐츠센터 420호 도서출판 황소걸음
편집부 (02) 3272-8863
영업부 (02) 3272-8865
팩 스 (02) 717-7725
이메일 bullsbook@hanmail.net / bullsbook@naver.com
등 록 제22-243호(2000년 9월 18일)
ISBN 979-11-86821-57-2 03480

황소걸음
Slow&Steady